普通高等教育"十二五"规划教材

电路分析

DIANLU FENXI

● 唐伟杰　主　编
● 王　倩　副主编

化学工业出版社

·北京·

本书从实用性的角度出发，总结和吸收了教学及教改中的经验，着重基本概念、基本理论以及其本方法，共讲述了：直流电路的概念和分析方法、暂态电路分析、正弦交流电路的分析、三相交流电路的分析，并配有精选的例题和习题，结构上脉络清晰，内容上重点突出，表达上图文并茂，例题讲解有详细具体的分析步骤。

　　本书适合作为应用型本科机电类专业或大中专院校相关专业的教材，同时也可作为工程技术人员的参考书。

图书在版编目（CIP）数据

电路分析/唐伟杰主编. —北京：化学工业出版社，2015.7（2023.8重印）
普通高等教育"十二五"规划教材
ISBN 978-7-122-24121-4

Ⅰ.①电…　Ⅱ.①唐…　Ⅲ.①电路分析-高等学校-教材　Ⅳ.①TM133

中国版本图书馆 CIP 数据核字（2015）第 112803 号

责任编辑：高　钰　　　　　　　　　　　　　文字编辑：吴开亮
责任校对：王素芹　　　　　　　　　　　　　装帧设计：刘丽华

出版发行：化学工业出版社（北京市东城区青年湖南街 13 号　邮政编码 100011）
印　　装：北京七彩京通数码快印有限公司
787mm×1092mm　1/16　印张 7　字数 155 千字　2023 年 8 月北京第 1 版第 4 次印刷

购书咨询：010-64518888　　　　　　　　　售后服务：010-64518899
网　　址：http://www.cip.com.cn
凡购买本书，如有缺损质量问题，本社销售中心负责调换。

定　　价：20.00 元　　　　　　　　　　　　版权所有　违者必究

前言

本书共分为四章，第一章从直流电路入手讲述了电路的基本概念，电路模型，参考方向，电路基本元件，电路分析方法；第二章分析电路的暂态，讲述 RC、RL 电路的零输入响应、零状态响应及三要素法；第三章分析正弦交流电路，叙述正弦交流电的基本概念、正弦交流电的相量表示法、正弦交流电路的分析等；第四章分析三相交流电路以及安全用电常识。

本书旨在将电路的基本知识进行提炼，不深究复杂的理论知识，而注重电路分析的基本方法，浅显易懂，附有详细的电路图及推导过程，让读者能很快地掌握电路的基本概念和分析方法，最后一部分内容中还加入了安全用电的常识。

本书由唐伟杰担任主编，并和各位老师商讨确定编写提纲，全书由唐伟杰统稿，王倩副主编。具体编写分工如下：第一章和第二章由唐伟杰编写；第三章由唐伟杰、赵亭合作编写；第四章由王倩编写。

本书在编写过程中，参考了参考文献中的部分资料，在此对相关作者表示诚挚的感谢。

由于编者水平有限，编写时间仓促，书中难免存在不足之处，敬请读者提出宝贵意见，以便以后修订完善。

编者

2015 年 3 月

目录

第1章
直流电路

本章介绍电路的基本概念，电压、电流的参考方向的概念，常用电路的基本元件及伏安特性，电路的基本定律和电路常用的分析方法。

1.1 电路的基本概念

1.1.1 电路和电路模型

所谓电路，就是用导线、开关等将电源和用电设备连接起来，完成一定功能的电流通路。电路的形式是多种多样的，但从电路的本质来说，其组成都有电源、负载、中间环节三个最基本的部分。电路的功能是实现电能的传输和转换、实现信号的传递和处理。例如图 1-1（a）所示为手电筒的实物电路，电池把储存的化学能转换成电能供给灯泡，而灯泡把电能转换成光能作为照明之用。

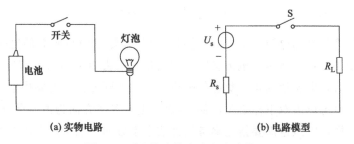

(a) 实物电路　　　　　　　　　(b) 电路模型

图 1-1　手电筒实物电路和电路模型

在实际运用时，由于实际电路的类型以及工作时发生的物理现象是千差万别的，我们不可能也没有必要去探讨每一个实际电路，而且实际电路不便于分析和计算，但有必要对实际的部件进行理想化后从而转化成电路模型。

图 1-1（b）即为手电筒电路的电路模型。电池看成是由恒压源 U_s 和电池内阻 R_s 串联组合而成，灯泡看成为电阻元件 R_L。由此可见，电路模型就是实际电路的抽象。采用电路模型来分析电路，不仅计算过程大为简化，而且能更清晰地反映电路的物理实质。

1.1.2 电流、 电压的参考方向

物理学中规定：电路中电流的实际方向是指正电荷流动的方向，电路中两点之间电压的实际方向是高电位指向低电位的方向；电动势的实际方向是指电源内部由低电位指向高电位的方向。但是在分析复杂电路时往往不能预先知道某段电路上电流、电压的实际方向。为了便于分析，便引出了参考方向的概念。电流、电压的参考方向是人为任意设定的。

参考方向是一个假设的方向，也称正方向，当参考方向选定以后，电流和电压的值才有正负之分。对于电流来讲，按照设定的参考方向，当计算结果为正时，说明电流的实际方向与其参考方向一致；当计算结果为负时，说明电流的实际方向与其参考方向相反。对于电压和电源的电动势，一般规定高电位端为正，低电位端为负，电压的正方向由高电位指向低电位，电源电动势的正方向由低电位指向高电位。它们的实际方向同样由计算结果的正、负号来判断。

如图 1-2（a）所示，电流的参考方向是由 a 指向 b 的方向，但流过元件的电流的实际方向可能是由 a 指向 b，也可能是由 b 指向 a。也就是说，电流的参考方向与电流的实际方向要么相同，要么相反。如果经过分析和计算，得到 $i>0$，则表明电流的实际方向与所取的电流参考方向一致。如图 1-2（b）所示，电流实际方向由虚线箭头表示出由 a 指向 b。

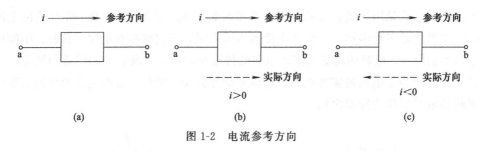

图 1-2 电流参考方向

同理，当计算得到的电流 $i<0$ 时，说明电流的实际方向与所取的电流参考方向不一致即相反。如图 1-2（c）所示，电流实际方向由虚线箭头表示出由 b 指向 a。这样，在指定电流参考方向后，电流值的正、负能反映出电流的实际方向。电路中电流的参考方向一般由箭头表示，也可以由双下标表示，如 i_{ab} 表示电流参考方向为由 a 指向 b。

如同电流一样，电压也需要指定参考极性或参考方向。当指定电压参考方向后，电压 u 的值就成为代数量。在图 1-3（a）中，电压参考方向为 a 点的电位高于 b 点的电位，a 点为"＋"极性，b 点为"－"极性，若计算得到电压 $u>0$，则表明电压实际方向与参考方向一致，实际上 a 点的电位确实高于 b 点的电位。如图 1-3（b）中，计算得到 $u<0$，则说明电压的实际方向与参考方向相反，实际上 b 点的电位确实高于 a 点的电位。电路中电压的参考方向一般由"＋"、"－"表示，也可以由双下标表示，如 u_{ab} 表示电压参考方向为由 a 指向 b，即 a 点的参考极性为"＋"，b 点的参考极性为"－"。

原则上，电流、电压的参考方向可以任意指定，但是为了计算方便，实际分析时，常常将电流、电压的参考方向取为一致，即关联参考方向，如图 1-4（a）所示为关联参考方

图 1-3 电压参考方向

向，而图 1-4（b）所示为非关联参考方向。

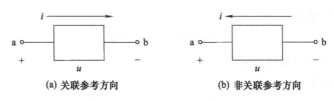

图 1-4 关联方向

1.1.3 电功率和能量

　　能量和电功率的计算在电路分析中是十分重要的，电路在工作时都是存在电能和其他能量形式的相互转换，通常电气设备工作在额定功率下，使用时电压和电流不能超过额定值，否则会造成器件损坏。

　　判断元件吸收或释放电能的准则为：当正电荷在电场力的作用下从电压"＋"极经元件移动到电压的"－"极，即电场力对电荷做正功，此时元件吸收能量；当正电荷在电场力的作用下从电压"－"极经元件移动到电压的"＋"极，即电场力对电荷做负功，此时元件释放能量。单位时间内消耗的电能即为电功率，记为 $p(t)$ 或 p，表示式为

$$p(t) = \frac{\mathrm{d}w(t)}{\mathrm{d}t}$$

　　直流电路中，元件上的电功率等于该元件两端的电压与通过该元件电流的乘积，即

$$P = UI$$

电压的单位为伏特（V），电流的单位为安培（A），功率的单位为瓦特（W）。

　　在分析电路时，计算功率分如下两种情况。

　　（1）电压、电流取关联参考方向

$$P = UI \tag{1-1}$$

　　（2）电压、电流取非关联参考方向

$$P = -UI \tag{1-2}$$

　　如果计算结果为 $P > 0$ 时，表示该元件吸收功率，该元件为负载；反之，当 $P < 0$ 时，表示元件发出功率，该元件为电源。

　　【例 1.1】 计算图 1-5 所示各电路的电功率，并说明该元件是吸收还是释放功率。设图 1-5（a）中，①$U = 5\text{V}$，$I = 2\text{A}$；②$U = -5\text{V}$，$I = 2\text{A}$。设图 1-5（b）中，③$U = 5\text{V}$，

$I = -2A$；④$U = -5V$，$I = -2A$。

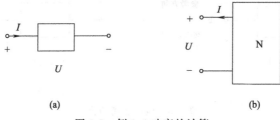

(a)   (b)

图 1-5　例 1.1 功率的计算

解：如图 1-5（a）所示电压与电流为关联参考方向，根据公式（1-1）计算如下。

① 计算的电功率为

$$P = UI = 5 \times 2 = 10W$$

$P > 0$ 时，表示该元件吸收功率。

② 计算的电功率为

$$P = UI = (-5) \times 2 = -10W$$

$P < 0$ 时，表示该元件释放功率。

在图 1-5（b）中，电压和电流为非关联参考方向，根据公式（1-2）计算如下。

③ 计算的电功率为

$$P = -UI = -(-5) \times 2 = 10W$$

$P > 0$ 时，表示该元件吸收功率。

④ 元件提供的电功率为

$$P = -UI = -(-5) \times (-2) = -10W$$

$P < 0$ 时，表示该元件释放功率。

1.2　电路基本元件

电路中最基本的组成单元是电路元件，电路中分为两种类型的元件：一种为有源元件；另一种为无源元件。有源元件有：发电机、电池等。无源元件有：电阻、电容、电感等。

电路工作时，实质上是通过电路元件将电能与其他形式能量相互转换的过程。比如，电压源和电流源是将其他形式能量转换为电能，电阻元件是将电能转换为热能消耗，电感元件是将电能转换为磁场能，电容元件是将电能转换为电场能。

1.2.1　电阻元件

电阻顾名思义就是对电流的流通起阻碍作用，所以电阻反映出来的也是物体的导电性能。电阻大小与物体材料、环境温度相关，比如银、铜、铝 、铁、钨等金属材料是良导体，电阻值小，但当温度升高时，它们的电阻值会增大；另一类材料，如石墨、某些半导体材料和电解液等，电阻值随温度升高而减小；第三类材料，如康铜、锰铜等，当温度变化时，电阻值变化极小；另外，某些材料在超低温的情况下电阻突然减小为零而形成超导体。

　　电阻元件分为线性电阻元件和非线性电阻元件，本书只讨论线性电阻元件。线性电阻在电压、电流为参考方向时，任何时刻都满足欧姆定律，即

$$u = Ri \tag{1-3}$$

　　式中，R 为元件的电阻值，单位为欧姆，简称为欧，用字母 Ω 表示。图 1-6 为电阻元件及伏安特性。

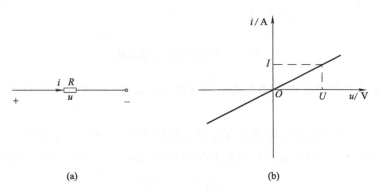

图 1-6　电阻元件及伏安特性

　　若令 $G = \dfrac{1}{R}$，可将式（1-3）改写成

$$i = uG \tag{1-4}$$

　　式中，G 称为电阻元件的电导，单位为西门子，简称西，用字母 S 表示。

　　电阻消耗的功率用式（1-5）表示

$$p = ui = i^2 R = \frac{u^2}{R} = Gu^2 = \frac{i^2}{G} \tag{1-5}$$

　　电压、电流为参考方向，根据式（1-5）计算出来的功率 $P > 0$，表示吸收功率，由此也可以看出电阻元件是无源元件。

　　电阻元件从 0 到 T 时刻共消耗的电能为

$$W = \int_0^T p\,\mathrm{d}t \tag{1-6}$$

1.2.2　电感元件

　　电感元件是将电能转变成磁场能的电路元件。如图 1-7（a）所示，在一个 N 匝线圈两端的电压为 u，电流为 i 时，会产生磁通 Φ，电流的参考方向与磁通的参考方向符合右手螺旋定则，其磁链 Ψ 为

$$\Psi = N\Phi \tag{1-7}$$

　　电感元件是实际线圈的电路模型，图 1-7（b）为线性电感元件的图形符号，磁链是电流 i 的函数，当元件周围的媒质为非铁磁物质（如空气）时，磁链 Ψ 与电流 i 成正比，即

$$\Psi = Li \tag{1-8}$$

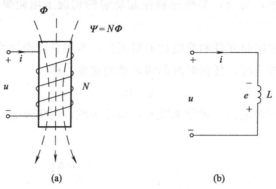

图 1-7　电感线圈、电感元件

式中，磁通 Φ 及磁链 Ψ 的单位为韦伯（Wb）；电感 L 的单位为亨利（H）；电流 i 的单位为安培（A）。

当通过电感元件的电流 i 随时间变化时，磁链 Ψ 也会随之发生变化，根据电磁感应定律，则会产生一个阻碍磁通变化的感生电动势 e，如图 1-7（b）所示，其值为

$$e = -L\frac{\mathrm{d}i}{\mathrm{d}t} = -\frac{\mathrm{d}\Psi}{\mathrm{d}t} \tag{1-9}$$

又由于

$$u = -e$$

故得到电感元件两端电压和电流的关系为

$$u = L\frac{\mathrm{d}i}{\mathrm{d}t} \tag{1-10}$$

可见，电感是一个动态元件，电感电压 u 与电流 i 的变化率成正比，当在直流电路中时，电流保持不变，所以电流变化率为零，即此时电感两端的电压也为零，电感对电流的阻碍作用也为零，可以看成是短路。

在电流和电压关联参考方向下，电感元件的电功率为

$$p = ui = Li\frac{\mathrm{d}i}{\mathrm{d}t} \tag{1-11}$$

电感是储存磁场能量的元件，当通过电感的电流增大时，磁通量增大，它所储存的磁场能量也增大，但如果电流减小到零，则所储存的磁场能量将全部释放出来。所以电感元件本身并不消耗能量，是一个储能元件。当电感中的电流经过时间 t 从零增大到 i 时，它所储存的磁场能量 w 为

$$w = \int_{-\infty}^{t} p\,\mathrm{d}t = L\int_{0}^{t} i\,\mathrm{d}i = \frac{1}{2}Li^2 \tag{1-12}$$

1.2.3　电容元件

电容元件简称电容，是用来储存电场能量的元件，电容元件是电容器的理想化模型。电容器都是由两块金属板间隔以不同的介质（如云母、绝缘纸、电解质、空气等）组成的，在加上电源后，两极板上分别积聚等量的正负电荷，并在介质中建立电场从而具有电

场能量；移去电源后，电荷仍继续聚集在两极板上，电场继续存在。电容器具有保存电荷，储存电场能量的电磁特性。

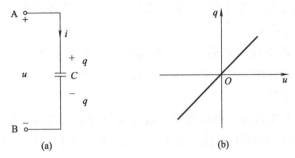

图 1-8　电容元件及伏库特性

如图 1-8（a）所示，电容两端的电压 u 与电容元件极板上的电荷量 q 的关系为

$$C = \frac{q}{u} \qquad (1\text{-}13)$$

式中，C 为电容元件的电容值，为一个正实数。当 u 的单位为伏（V），q 的单位为库伦（C）时，C 的单位为法拉（F），简称法。

图 1-8（b）表示的为线性电容的伏库特性，是一条通过原点的直线，其斜率便是电容值 C，本书中无特殊说明的电容均为线性电容。

在图 1-8（a）中，电压与电流为关联参考方向，当电容 C 两端的电压 u 变化时，极板上存储的电荷就随之发生变化，则有电流 i 为

$$i = \frac{\mathrm{d}q}{\mathrm{d}t} = \frac{\mathrm{d}Cu}{\mathrm{d}t} = C\frac{\mathrm{d}u}{\mathrm{d}t} \qquad (1\text{-}14)$$

由式（1-14）可知，某时刻流过电容的电流 i 取决于电容两端电压的变化率，与此时的电压大小无关，所以电容也属于动态元件。在直流电路中，由于加在电容两端的电压保持不变，所以电压变化率为零，即流过电容的电流也为零，故此时电容相当于开路。

在电压和电流取关联参考方向时，线性电容吸收的功率为

$$p = ui = Cu\frac{\mathrm{d}u}{\mathrm{d}t} \qquad (1\text{-}15)$$

若电容两端的电压为从零增大到 t 时刻的 u，则存储在电容中的电场能量为

$$w = \int_{-\infty}^{t} p\,\mathrm{d}t = \int_{-\infty}^{t} ui\,\mathrm{d}t = C\int_{0}^{u} u\frac{\mathrm{d}u}{\mathrm{d}t}\mathrm{d}t = C\int_{0}^{u} u\,\mathrm{d}u = \frac{1}{2}Cu^2 \qquad (1\text{-}16)$$

由式（1-16）可以知道，电容元件在某一时刻存储的电场能只取决于其参数 C 和该时刻的电压值，当电容两端的电压 u 增大时，电容存储的电场能增大，说明此时电容将电能转化成电场能存储起来；当电容两端的电压 u 减小，电容存储的电场能减小，说明此时电容将存储的电场能释放出来。

1.2.4　电源元件

电源元件是实际电源在一定条件下抽象化的电源模型，可分为独立电源和非独立电源。独立电源能独立对电路提供电能，有电压源、电流源，非独立电源不能独立向外电路

提供电能，非独立电源又称之为受控（电）源，受控源的电压、电流受电路中某部分电压或电流控制。

（1）电压源 理想电压源简称电压源，电压源的端电压是定值 U_s 或是一定的时间函数 $u_s(t)$，与流过的电流无关。

图 1-9（a）为直流电压源电路符号，直流电压源也可用图 1-9（b）来表示，图 1-9（c）为直流电压源伏安特性。流过电压源的电流不是由电压源本身确定的，而是由与之相连接的外部电路来决定的。

（2）电流源 理想电流源简称电流源，流过电流源的电流是定值 I_s 或是一定的时间函数 $i_s(t)$，与外部所加的电压无关。图 1-10（a）为直流电流源电路符号，图 1-10（b）为直流电流源伏安特性。

电流源两端的电压不是由电流源本身确定的，而是由与之相连接的外部电路来决定的。

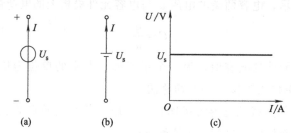

图 1-9 直流电压源及伏安特性

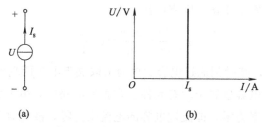

图 1-10 直流电流源及伏安特性

（3）受控电源 根据受控电压源、受控电流源的控制量是电压或是电流，可以将受控源分为 4 种：电压控制电压源（VCVS）、电流控制电压源（CCVS）、电压控制电流源（VCCS）、电流控制电流源（CCCS）。

如图 1-11 所示为 4 种受控源的电路符号，其中 u_1、i_1 为控制电压和控制电流，μ 为电压控制电压源的放大系数，r 为电流控制电压源的转移电阻，g 为电压控制电流源的转

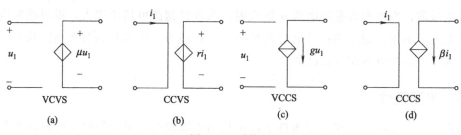

图 1-11 受控源

移电导，β 为电流控制电流源的放大系数。当比例系数 μ、r、g、β 为常数时，说明受控源是线性受控源。

1.3 基尔霍夫定律

基尔霍夫定律是 1945 年由德国科学家基尔霍夫提出的，基尔霍夫定律既适用于线性电路，又适用于非线性电路，是分析电路最基本的定律。它包括基尔霍夫电流定律（KCL）和基尔霍夫电压定律（KVL）。基尔霍夫电流定律是研究各节点电流之间的关系，基尔霍夫电压定律是研究各回路电压之间的关系。

为了更好地理解基尔霍夫定律，有必要先介绍支路、节点、回路和网孔的概念。

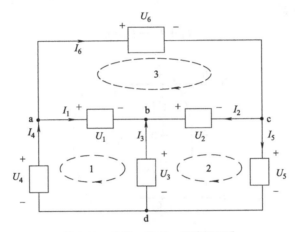

图 1-12 支路、节点、回路和网孔

支路：组成电路中的每个二端元件就形成一条支路，如图 1-12 所示，有 6 条支路，分别为 ab、bc、bd、ad、cd、ac，每条支路都有支路电流，分别为 I_1、I_2、I_3、I_4、I_5、I_6，方向如图 1-12 所示。

节点：三条或三条以上支路的连接点称为节点。如图 1-12 所示电路中的 a、b、c、d 点。

回路：电路中任意闭合路径叫回路。如图 1-12 所示，回路有 abda、bcdb、acba、acda、abcda。

网孔：指的是没有支路穿过的回路。在图 1-12 中，有 abda、bcdb、acba 共 3 个网孔。

1.3.1 基尔霍夫电流定律

基尔霍夫电流定律指出：任一时刻，电路中任一节点上的电流代数和恒等于零。规定流出节点的电流前面取"＋"号，流入节点的电流前面取"－"号。按电流参考方向来判断电流是流入节点还是流出节点。

$$\sum I = 0 \qquad (1\text{-}17)$$

如图 1-12 所示，对于节点 a 应用 KCL 有

$$I_1 + I_6 - I_4 = 0 \qquad (1\text{-}18)$$

将式（1-18）变换成

$$I_4 = I_1 + I_6 \qquad (1\text{-}19)$$

即流进节点的电流等于流进节点的电流。

$$\sum I_{in} = \sum I_{out} \qquad (1\text{-}20)$$

基尔霍夫电流定律不仅适合于电路中任一节点，还适合于电路中任一闭合面。如图 1-13 所示电路，有 A、B、C 三个节点，分别应用 KCL 有

$$I_1 + I_5 - I_4 = 0 \qquad (1\text{-}21)$$

$$I_4 + I_6 - I_2 = 0 \qquad (1\text{-}22)$$

$$I_3 - I_5 - I_6 = 0 \qquad (1\text{-}23)$$

联立上面三式得到

$$I_1 + I_3 - I_2 = 0 \qquad (1\text{-}24)$$

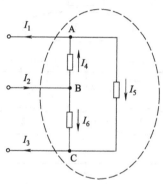

图 1-13 KCL 推广应用

【例 1.2】 如图 1-14 所示电路，已知 $I_1 = 1A$，$I_2 = -2A$，$I_4 = 3A$，$I_5 = 2A$，$I_6 = 4A$，求 I_3，I_7，I_8，I_9。

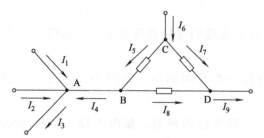

图 1-14 例 1.2 图

解：根据 KCL 分别对 A、B、C、D 节点列写方程

$$I_3 - I_1 - I_2 - I_4 = 0$$

$$I_4 + I_8 - I_5 = 0$$

$$I_5 + I_7 - I_6 = 0$$

$$I_9 - I_7 - I_8 = 0$$

代入已知量得到
$$I_3 - 1 - (-2) - 3 = 0$$
$$3 + I_8 - 2 = 0$$
$$2 + I_7 - 4 = 0$$
$$I_9 - I_7 - I_8 = 0$$

解得 $I_3 = 2A$，$I_7 = 2A$，$I_8 = -1A$，$I_9 = 1A$。

当然，求解 I_9 可以利用 KCL 推广应用，将 B、C、D 三个节点组成的三角形电路看成一个闭合面，直接用 KCL 有
$$I_4 + I_9 - I_6 = 0$$

代入已知量
$$3 + I_9 - 4 = 0$$

得到 $I_9 = 1A$。

题中，所标注的电流方向均为参考方向，实际的方向由数值来判断，当数值为正时，实际的方向与参考方向一致，反之为负时，实际方向与参考方向相反。

1.3.2　基尔霍夫电压定律

基尔霍夫电压定律指出：任一时刻，沿电路中任一闭合回路绕行一周，各支路电压的代数和恒等于零。规定支路电压参考方向与回路绕行方向一致时，该电压前取"＋"号，支路电压参考方向与回路绕行方向相反时，该电压前取"－"号。
$$\sum U = 0 \tag{1-25}$$

如图 1-12 所示，对于回路 1、2、3 应用 KVL 有
$$U_1 + U_3 - U_4 = 0 \tag{1-26}$$
$$U_2 + U_5 - U_3 = 0 \tag{1-27}$$
$$U_6 - U_2 - U_1 = 0 \tag{1-28}$$

【例 1.3】　如图 1-15 所示，每个方框代表一个二端口元件，已知 $U_1 = 2V$，$U_2 = -3V$，$U_3 = 6V$，$U_4 = -9V$，求 U_5。

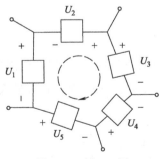

图 1-15　例 1.3 图

解： 回路绕行方向为顺时针，其中，U_3 参考方向与绕行方向一致，U_1、U_2、U_4、U_5 参考方向与绕行方向相反。对该闭合回路运用 KVL 有
$$U_3 - U_4 - U_5 - U_1 - U_2 = 0$$

代入已知量有

$$6-(-9)-U_5-2-(-3)=0$$

计算得到 $U_5=16\mathrm{V}$ 为所求。

基尔霍夫电压定律不仅可以应用于闭合回路，还可以推广应用于任何假想得闭合回路。如图 1-16 所示电路，已知 $U_1=4\mathrm{V}$，$U_s=5\mathrm{V}$，$U_2=-2\mathrm{V}$，求 U_{AB}？

图 1-16 所示电路并不是闭合回路，不过只要将 A、B 两点间的电压 U_{AB} 看成为某个二端口元件的电压，这样就形成一个假想得闭合回路，并标注 U_{AB} 的参考方向。回路绕行方向取为顺时针，应用 KVL 有

$$U_1-U_s-U_2-U_{AB}=0$$

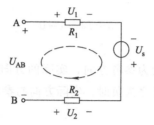

图 1-16 KVL 推广应用

将已知条件代入其中

$$4-5-(-2)-U_{AB}=0$$

求得 $U_{AB}=1\mathrm{V}$。

1.4 电路等效变换

在对复杂电路进行分析计算时，为了便于分析，常常可以采用一系列的等效变换来将复杂电路简单化。本节主要介绍电阻的串、并联电路；电阻 Y-△ 变换；电源模型等效变换。

1.4.1 电阻电路的等效变换

电阻电路的等效变换分为电阻的串联和并联以及电阻的 Y-△ 变换。如图 1-17（a）所示，A、B 之间是由 n 个电阻 R_1、R_2、$\cdots$、R_n 串联组成，A、B 之间加上电源 U_s 后，流过各电阻的电流为 I。

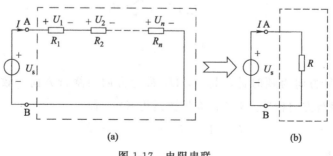

(a)   (b)

图 1-17 电阻串联

根据欧姆定律有

$$U_1 = IR_1, U_2 = IR_2, \cdots, U_n = IR_n \tag{1-29}$$

取回路绕行方向为顺时针，根据 KVL 有

$$U_1 + U_2 + \cdots + U_n - U_s = 0 \tag{1-30}$$

将上面两式结合有

$$U_s = I(R_1 + R_2 + \cdots + R_n) = IR \tag{1-31}$$

从式（1-31）可以看出电阻 R 为 n 个串联电阻的等效电阻。故当若干个电阻串联时，其等效电阻等于这些电阻阻值的总和。所以图 1-17（a）可以等效为图 1-17（b）。

$$R = R_1 + R_2 + \cdots + R_n \tag{1-32}$$

如图 1-18（a）所示，电路 A、B 之间是由 n 个电阻 R_1、R_2、$\cdots$、R_n 并联组成，A、B 之间加上电源 U_s 后，总电流为 I，其中各条支路电流分别为 I_1、I_2、$\cdots$、I_n，各个电阻上的电压均为 U_s。

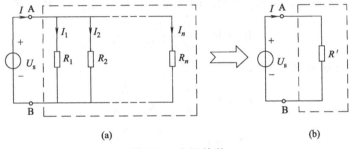

(a)   (b)

图 1-18 电阻并联

根据欧姆定律有

$$U_s = I_1 R_1, U_s = I_2 R_2, \cdots, U_s = I_n R_n \tag{1-33}$$

根据 KCL 有

$$I = I_1 + I_2 + \cdots + I_n \tag{1-34}$$

联立式（1-33）和式（1-34）有

$$I = \left(\frac{1}{R_1} + \frac{1}{R_2} + \cdots + \frac{1}{R_n}\right) U_s = \frac{1}{R'} U_s \tag{1-35}$$

从式（1-35）可以知道，若干个电阻并联，其等效电阻为各电阻倒数之和的倒数。图 1-18（a）可以等效为图 1-18（b）。

$$R' = \frac{1}{\dfrac{1}{R_1} + \dfrac{1}{R_2} + \cdots + \dfrac{1}{R_n}} \tag{1-36}$$

但是有时候，电阻连接的方式并不是形如上面所说的串、并联结构，如图 1-19（a）所示，R_1、R_2 和 R_3 的一端连接，另一端则接三个端点，这种连接方式称为星形连接（Y），而图 1-19（b）中 R_{31}、R_{12} 和 R_{23} 首尾相连，形成一个三角形的结构，这种连接方式称为三角连接（△）。这两种连接方式的电路结构，互相之间存在着一定的对应关系，下面来研究它们的变换关系。

（1）三角形连接等效变换成星形连接（△-Y） 若图 1-19（a）、（b）这两个网络等

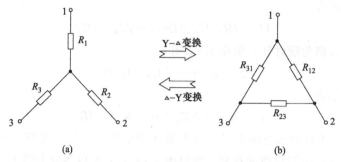

图 1-19 电阻星形连接和三角连接的等效变换

效，则端点 1、2、3 的电流以及它们之间的电压均完全一样，那么它们之间的等效电阻也是一样。这样，如将图 1-19 （a）中端点 3 断开，则端点 1 和端点 2 之间的等效电阻为 R_1 与 R_2 串联，即为 R_1+R_2；将图 1-19 （b）中端点 3 断开，则端点 1 和端点 2 之间的等效电阻为 R_{31} 与 R_{23} 串联后再与 R_{12} 并联，即为 $R_{12}//(R_{31}+R_{23})$。从而有

$$R_1+R_2=\frac{R_{12}(R_{31}+R_{23})}{R_{12}+R_{23}+R_{31}} \tag{1-37}$$

依此类推，分别将端点 1、2 断开，可以得到

$$R_2+R_3=\frac{R_{23}(R_{12}+R_{31})}{R_{12}+R_{23}+R_{31}} \tag{1-38}$$

$$R_1+R_3=\frac{R_{31}(R_{12}+R_{23})}{R_{12}+R_{23}+R_{31}} \tag{1-39}$$

三角形连接等效变换成星形连接，这时 R_{31}、R_{12} 和 R_{23} 为已知量，求 R_1、R_2 和 R_3。将式 （1-37）、式 （1-38）、式 （1-39） 相加并化简得到

$$R_1+R_2+R_3=\frac{R_{12}R_{23}+R_{23}R_{31}+R_{31}R_{12}}{R_{12}+R_{23}+R_{31}} \tag{1-40}$$

将式 （1-40） 分别减去式 （1-38）、式 （1-39）、式 （1-37） 有

$$R_1=\frac{R_{31}R_{12}}{R_{12}+R_{23}+R_{31}} \tag{1-41}$$

$$R_2=\frac{R_{12}R_{23}}{R_{12}+R_{23}+R_{31}} \tag{1-42}$$

$$R_3=\frac{R_{23}R_{31}}{R_{12}+R_{23}+R_{31}} \tag{1-43}$$

为了便于记忆，采用文字描述为

$$星形连接电阻=\frac{三角形连接相邻两电阻的乘积}{三角形连接电阻之和}$$

如果三角形连接的三个电阻的阻值相等，则等效变换后的星形连接的三个电阻得阻值也相等，每个电阻为三角形连接的每个电阻阻值的三分之一。

（2）星形连接等效变换成三角形连接（Y-△） 星形连接等效变换成三角形连接，这时 R_1、R_2 和 R_3 为已知量，求 R_{31}、R_{12} 和 R_{23}。将式 （1-41）、式 （1-42）、式 （1-43） 两两相乘后再求和并化简得

$$R_1R_2+R_2R_3+R_3R_1=\frac{R_{12}R_{23}R_{31}}{R_{12}+R_{23}+R_{31}} \tag{1-44}$$

将式（1-44）分别除以式（1-37）、式（1-38）、式（1-39）得到

$$R_{12}=\frac{R_1R_2+R_2R_3+R_3R_1}{R_3} \tag{1-45}$$

$$R_{23}=\frac{R_1R_2+R_2R_3+R_3R_1}{R_1} \tag{1-46}$$

$$R_{31}=\frac{R_1R_2+R_2R_3+R_3R_1}{R_2} \tag{1-47}$$

同样为了便于记忆，采用文字描述为

$$三角形连接电阻=\frac{星形连接各电阻两两乘积之和}{星形连接对面的电阻}$$

如果星形连接的三个电阻的阻值相等，则等效变换后的三角形连接的三个电阻得阻值也相等，每个电阻为星形连接的每个电阻阻值的三倍。

【例 1.4】 如图 1-20 所示电路，求 1、2 端点间的电阻 R_{12}。

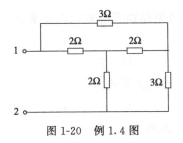

图 1-20　例 1.4 图

解： 求解此种类型的题目，突破口在于对电路结构进行分析，将复杂的电路结构化成简单的电路结构。本题中，中间 3 个 2Ω 的电阻为丫形连接方式，可以将其先通过丫-△变换，变成△形连接。解题过程如图 1-21 所示，$R_{12}=2.4\Omega$。

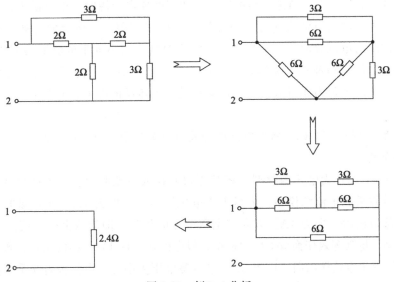

图 1-21　例 1.4 分析

1.4.2　电源模型的等效变换

前面 1.2.4 节电源元件中，对理想的电压源和理想的电流源进行了介绍，但是理想的电源元件实际上是不存在的。实际电压源模型可以由恒压源与电阻串联构成如图 1-22 (a)；实际电流源可以由恒流源与电阻并联构成如图 1-22 (b)。在分析电路时，到底是采用电压源模型还是电流源模型并不重要，因为对外电路而言这两者是可以等效变换的，并且某些时候进行等效变换能使计算变得更为简单。

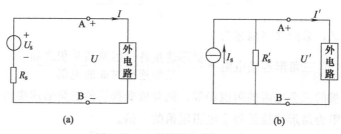

图 1-22　电源模型的等效变换

若图 1-22 (a)、(b) 对于外电路而言等效，即要求 A、B 端点间伏安关系完全一致，得到

$$U=U',I=I' \tag{1-48}$$

由图 1-22 (a) 所示电路，得到关系式

$$U=U_s-IR_s \tag{1-49}$$

图 1-22 (b) 所示电路，有关系式

$$U'=(I_s-I')R'_s \tag{1-50}$$

综合式 (1-48)、式 (1-49)、式 (1-50) 得到

$$R_s=R'_s,I_s=\frac{U_s}{R_s} \tag{1-51}$$

这样由式 (1-51) 得出结论，当电压源等效变换成电流源时，电流源内阻与电压源内阻大小相等，电流源的电流大小等于电压源电压除以内阻；当电流源等效变换成电压源时，电压源内阻与电流源内阻大小相等，电压源的电压大小等于电流源的电流乘以内阻。但是对于理想电压源和理想电流源之间是不能等效变换的，因为理想电压源的内阻等于零，理想电流源的内阻为无穷大。值得注意的是，电压源的参考方向与电流源的参考方向相反。

【例 1.5】　求图 1-23 (a) 所示电路的等效电流源模型，以及图 1-23 (b) 所示电路的等效电压源模型。

解：图 1-23 (a) 为电压源模型，将其等效变换成电流源模型，根据由式 (1-51) 得出的结论，等效后的电流源模型，内阻等于电压源内阻，即为 1Ω，电流源电流大小等于电压源电压除以内阻，即为 4A，方向与电压源方向相反，即为从上往下流。图 1-23 (b) 为电流源模型，将其等效变换成电压源模型，根据由式 (1-51) 得出的结论，等效后的电压源模型，内阻等于电流源内阻，即为 5Ω，电压源电压大小等于电流源电流乘以内阻，即为 10V，方向与电流源方向相反，即为从上往下。结果如图 1-24 所示。

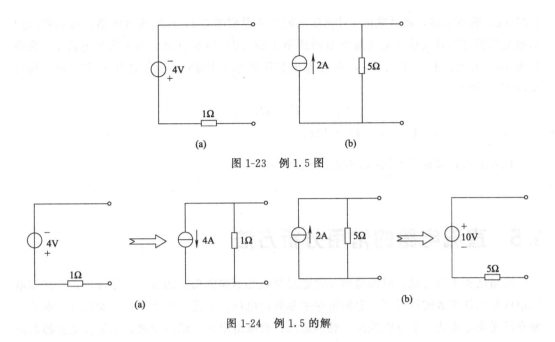

图 1-23 例 1.5 图

图 1-24 例 1.5 的解

【例 1.6】 利用电源等效变换法求图 1-25 电路中的电流 I。

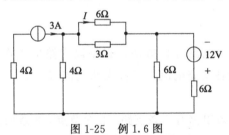

图 1-25 例 1.6 图

解：观察图 1-25，发现 3A 的恒流源与 4Ω 的电阻串联，实际上整个这条支路对外呈现出的特性与 3A 的恒流源一致，所以可以简化图 1-26（a）所示电路，再将左边的电流源模型等效变换成电压源模型，而将右边的电压源模型等效变换成电流源模型，得到图

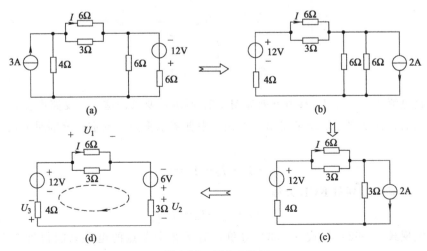

图 1-26 例 1.6 的解

1-26（b）所示电路，将并联的 2 个 6Ω 电阻合并得到图 1-26（c）所示电路，最后将右边的电流源模型等效变换成电压源模型得到图 1-26（d）所示电路。为了求解电流 I，在图 1-26（d）上标注 U_1、U_2、U_3，参考方向如图所示，回路绕行方向取为顺时针。列写 KVL 方程如下。

$$U_1 - 6 + U_2 + U_3 - 12 = 0$$

式中，$U_1 = 6I$，$U_2 = 9I$，$U_3 = 12I$。

代入上式，求得 $I = \dfrac{2}{3} = 0.67\text{A}$。

1.5 直流电路的常用分析方法

电路结构千变万化，但都是由元件通过节点和回路的形式构成。电路分析是在已知电路结构和元件参数的情况下，分析电路中某处的电压、电流、功率等相关物理量。本节主要介绍支路电流法、节点电压法、叠加原理、戴维南定理和诺顿定理，以及含受控源电路的分析。

1.5.1 支路电流法

支路电流法是最基本的电路分析方法，它是以支路电流作为未知量，应用 KCL 和 KVL 列出方程，然后解出各支路电流，当各支路电流解出后，支路电压和功率就很容易得到。

如图 1-27 所示电路，该电路有 3 条支路，2 个节点，3 条回路，2 个网孔。其中 U_{s1}、U_{s2}、U_{s3}、R_1、R_2、R_3 均为已知量，求支路电流 I_1、I_2、I_3。

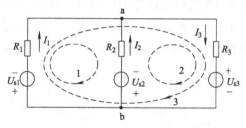

图 1-27 支路电流法

设支路电流 I_1、I_2、I_3 参考方向如图 1-27 所示，要求得这 3 个支路电流，则需要构建 3 个独立的方程联立才能求解得出。首先，根据基尔霍夫电流定律分别对节点 a 列写方程有

$$-I_1 - I_2 + I_3 = 0 \tag{1-52}$$

同样，对节点 b 列写 KCL 方程

$$I_1 + I_2 - I_3 = 0 \tag{1-53}$$

观察发现式（1-52）与式（1-53）等价，对于 2 个节点的电路只能得到 1 个独立的 KCL 方程。

接下来，再对 3 条回路分别列写 KVL 方程。

回路 1 列 KVL 方程有

$$U_{s1}+I_1R_1-I_2R_2-U_{s2}=0 \tag{1-54}$$

回路 2 列 KVL 方程有

$$U_{s2}+I_2R_2+I_3R_3+U_{s3}=0 \tag{1-55}$$

回路 3 列 KVL 方程有

$$U_{s1}+I_1R_1+I_3R_3+U_{s3}=0 \tag{1-56}$$

观察发现式（1-54）、式（1-55）、式（1-56）3 式中任意一个都可以由其他 2 个推出，所以只能得到 2 个独立的 KCL 方程，同时不难发现，若对网孔列写 KVL 方程，得到的方程是独立的。

这样由 KCL、KVL 得到了求所有支路电流的独立方程数。对于电路具有 b 条支路和 n 个节点的电路，利用支路电流法的求解步骤为：

① 标出各支路电流的参考方向。

② 根据 KCL 列写出节点的电流方程。n 个节点可建立 $n-1$ 个独立方程。第 n 个节点的 KCL 方程可以从已列出的 $n-1$ 个方程求得。

③ 指定网孔回路绕行方向，运用 KVL 列写出网孔的 $b-(n-1)$ 个独立电压方程。

【例 1.7】 利用支路电流法求解图 1-28 中各支路电流。

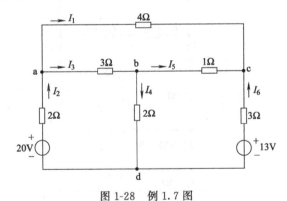

图 1-28 例 1.7 图

解：图 1-28 中所示电路，有 6 条支路，4 个节点，3 个网孔，可以列出 3 个独立 KCL 方程和 3 个独立 KVL 方程，6 个方程正好能求解 6 个未知数。分别对节点 a、b 及 c 列 KCL 方程有

$$\begin{cases} I_1+I_3-I_2=0 \\ I_4+I_5-I_3=0 \\ -I_5-I_1-I_6=0 \end{cases} \tag{1-57}$$

取回路 acba、abda、bcdb 的绕行方向为顺时针方向，分别列 KVL 方程有

$$\begin{cases} 4I_1-I_5-3I_3=0 \\ 2I_2+3I_3+2I_4-20=0 \\ I_5-3I_6+13-2I_4=0 \end{cases} \tag{1-58}$$

联立式（1-57）、式（1-58）求得

$$I_1=1\text{A}, I_2=3\text{A}, I_3=2\text{A}, I_4=4\text{A}, I_5=-2\text{A}, I_6=1\text{A}$$

但当电路中存在电流源与电阻并联的支路时，则需通过电源等效变换，变换成电压源与电阻串联的形式，再利用支路电流法求解；当电路中存在电流源与电阻串联的支路时，则该支路的电流就等于电流源的电流，将电流源的端电压作为未知量列入方程中。

【例1.8】 利用支路电流法求解图1-29中各支路电流。

解：图1-29中，存在电流源与电阻并联的情况，先通过电源等效变换，转化成电压源与电阻串联的结构，如图1-30。有6条支路，4个节点，3个网孔。对a、b、c节点列KCL方程有

$$\begin{cases} I_1+I_2+I_6=0 \\ I_3+I_4-I_2=0 \\ I_5-I_4-I_6=0 \end{cases} \tag{1-59}$$

以回路绕行方向为顺时针，分别对回路1、2、3列KVL方程有

$$\begin{cases} 2I_6+40-8I_4-10I_2=0 \\ 10I_2+4I_3+20-10I_1-10=0 \\ 8I_4+8I_5-20-4I_3=0 \end{cases} \tag{1-60}$$

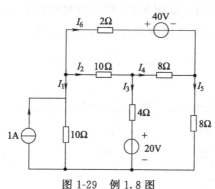

图1-29 例1.8图

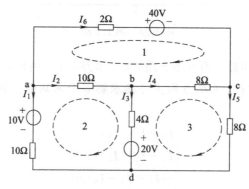

图1-30 例1.8分析

联立式（1-59）、式（1-60）求得 $I_1=1.85\text{A}$，$I_2=1.33\text{A}$，$I_3=-1.21\text{A}$，$I_4=2.54\text{A}$，$I_5=-0.64\text{A}$，$I_6=-3.18\text{A}$。

【例1.9】 利用支路电流法求解图1-31中各支路电流，并求电流源两端电压。

解：本题的电路中，其中一条支路是由电流源与电阻串联构成，则该支路电流为电流

源电流，即 I_2 为 2A，取电流源两端电压为 U，方向如图 1-32 所示，回路 1、回路 2 绕行方向为顺时针。对 a 节点列写 KCL 方程有

$$I_3 - I_1 - 2 = 0 \tag{1-61}$$

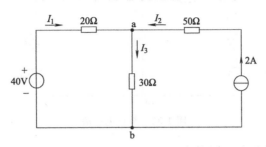

图 1-31　例 1.9 图

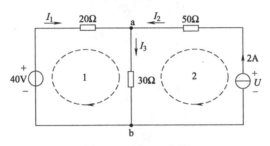

图 1-32　例 1.9 分析

对回路 1 和回路 2 列写 KVL 方程有

$$20I_1 + 30I_3 - 40 = 0 \tag{1-62}$$

$$-100 + U - 30I_3 = 0 \tag{1-63}$$

联立式 (1-61)、式 (1-62)、式 (1-63) 求得

$$I_1 = -0.4\text{A}, I_2 = 2\text{A}, I_3 = 1.6\text{A}, U = 148\text{V}$$

1.5.2　节点电压法

　　节点电压：电路中任取一节点作为参考节点，通常取参考节点的电位为零，其他节点到参考节点的电压称之为节点电压。节点电压的极性为，参考节点为负，其他节点为正。任一条支路都是由 2 个节点构成，这样支路电压便可以用两节点电位差来表示，求出支路电压，再利用欧姆定律便得到支路电流。

　　如图 1-33 电路，有 4 个节点，6 条支路。节点编号及支路电流标在图中，其中节点⓪为参考节点，节点①、②、③的节点电压分别为 U_{n1}、U_{n2}、U_{n3}，只要求解出这 3 个节点电压，全部 6 条支路电压均可确定，因一条支路必然关联两个节点。由于沿任一回路的支路电压都可以用节点电位来表示，其代数和为零，所以自动满足 KVL，节点电压法中无需再列写 KVL 方程。分别对节点①、②、③列写 KCL 方程有

$$\begin{cases} I_1 + I_3 - I_2 = 0 \\ I_4 + I_5 - I_3 = 0 \\ -I_1 - I_5 - I_6 = 0 \end{cases} \tag{1-64}$$

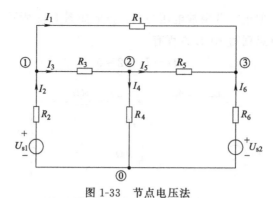

图 1-33　节点电压法

将支路电流分别用节点电压表示

$$\begin{cases} I_1 = \dfrac{U_{n1}-U_{n3}}{R_1} \\[2mm] I_2 = -\dfrac{U_{n1}-U_{s1}}{R_2} \\[2mm] I_3 = \dfrac{U_{n1}-U_{n2}}{R_3} \\[2mm] I_4 = \dfrac{U_{n2}}{R_4} \\[2mm] I_5 = \dfrac{U_{n2}-U_{n3}}{R_5} \\[2mm] I_6 = -\dfrac{U_{n3}-U_{s2}}{R_6} \end{cases} \tag{1-65}$$

将式（1-65）代入式（1-64）并整理得到节点①、②、③的节点电压方程

$$\begin{cases} \left(\dfrac{1}{R_1}+\dfrac{1}{R_2}+\dfrac{1}{R_3}\right)U_{n1} - \dfrac{1}{R_3}U_{n2} - \dfrac{1}{R_1}U_{n3} = \dfrac{U_{s1}}{R_2} \\[3mm] -\dfrac{1}{R_3}U_{n1} + \left(\dfrac{1}{R_3}+\dfrac{1}{R_4}+\dfrac{1}{R_5}\right)U_{n2} - \dfrac{1}{R_5}U_{n3} = 0 \\[3mm] -\dfrac{1}{R_1}U_{n1} - \dfrac{1}{R_5}U_{n2} + \left(\dfrac{1}{R_1}+\dfrac{1}{R_5}+\dfrac{1}{R_6}\right)U_{n3} = \dfrac{U_{s2}}{R_6} \end{cases} \tag{1-66}$$

式（1-65）可用电导形式表示为

$$\begin{cases} (G_1+G_2+G_3)U_{n1} - G_3 U_{n2} - G_1 U_{n3} = G_2 U_{s1} \\ -G_3 U_{n1} + (G_3+G_4+G_5)U_{n2} - G_5 U_{n3} = 0 \\ -G_1 U_{n1} - G_5 U_{n2} + (G_1+G_5+G_6)U_{n3} = G_6 U_{s2} \end{cases} \tag{1-67}$$

为了便于记忆，式（1-67）可写成式（1-68）所示方程式。其中 $G_{11}=G_1+G_2+G_3$，$G_{22}=G_3+G_4+G_5$，$G_{33}=G_1+G_5+G_6$，分别为节点①、②、③的自导，自导为正，等于连接各节点支路电导之和，如果出现某条支路是由恒流源与电阻串联的情况，计算自导时不考虑该支路的电阻；$G_{12}=G_{21}=-G_3$，$G_{13}=G_{31}=-G_1$，$G_{23}=G_{32}=-G_5$，分别为节点①、②，节点①、③及节点②、③间的互导，互导为负，等于连接两节点间支路电导的负数；方程式右边 I_{s11}、I_{s22}、I_{s33} 分别表示为节点①、②、③的注入电流，注入电流

等于流向该节点的电流源的代数和，方向为流入节点前面取"＋"，流出节点前面取
"－"，电压源与电阻串联的结构等效变换成电流源模型来计算注入电流。

$$\begin{cases} G_{11}U_{n1}+G_{12}U_{n2}+G_{13}U_{n3}=I_{s11} \\ G_{21}U_{n1}+G_{22}U_{n2}+G_{23}U_{n3}=I_{s22} \\ G_{31}U_{n1}+G_{32}U_{n2}+G_{33}U_{n3}=I_{s33} \end{cases} \tag{1-68}$$

将式（1-68）进一步推广至（$n-1$）个节点的电路得到

$$\begin{cases} G_{11}U_{n1}+G_{12}U_{n2}+G_{13}U_{n3}+\cdots+G_{1(n-1)}U_{n(n-1)}=I_{s11} \\ G_{21}U_{n1}+G_{22}U_{n2}+G_{23}U_{n3}+\cdots+G_{2(n-1)}U_{n(n-1)}=I_{s22} \\ G_{31}U_{n1}+G_{32}U_{n2}+G_{33}U_{n3}+\cdots+G_{3(n-1)}U_{n(n-1)}=I_{s33} \\ \cdots\cdots\cdots\cdots\cdots\cdots\cdots\cdots\cdots\cdots\cdots\cdots \\ G_{(n-1)1}U_{n1}+G_{(n-1)2}U_{n2}+G_{(n-1)3}U_{n3}+\cdots+G_{(n-1)(n-1)}U_{n(n-1)}=I_{s(n-1)(n-1)} \end{cases} \tag{1-69}$$

【例 1.10】 利用节点电压法求解图 1-29 中各支路电流。

解： 与例 1.8 支路电流法求解不同，本题用节点电压法来进行求解支路电流（图 1-34）。4 个节点其中节点⓪、①、②、③，其中为节点 0 参考节点，直接套用节点电压方程式（1-69）有

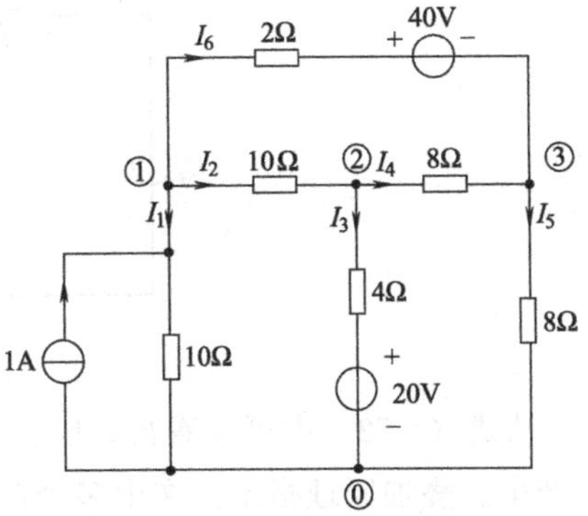

图 1-34　例 1.10 分析

$$\begin{cases} \left(\frac{1}{2}+\frac{1}{10}+\frac{1}{10}\right)U_{n1}-\frac{1}{10}U_{n2}-\frac{1}{2}U_{n3}=1+\frac{40}{2} \\ -\frac{1}{10}U_{n1}+\left(\frac{1}{10}+\frac{1}{8}+\frac{1}{4}\right)U_{n2}-\frac{1}{8}U_{n3}=\frac{20}{4} \\ -\frac{1}{2}U_{n1}-\frac{1}{8}U_{n2}+\left(\frac{1}{8}+\frac{1}{2}+\frac{1}{8}\right)U_{n3}=-\frac{40}{2} \end{cases} \tag{1-70}$$

解方程得节点①、②、③的节点电压为

$$U_{n1}=28.5V, U_{n2}=15.2V, U_{n3}=-5.1V$$

求出节点电压后，便可以得到每一条支路的支路电压，进而可以求出支路电流。

$$\begin{cases} I_1=\frac{U_{n1}}{10}-1 \\ I_2=\frac{U_{n1}-U_{n2}}{10} \\ I_3=\frac{U_{n2}-20}{4} \\ I_4=\frac{U_{n2}-U_{n3}}{8} \\ I_5=\frac{U_{n3}}{8} \\ I_6=\frac{U_{n1}-U_{n3}-40}{2} \end{cases} \tag{1-71}$$

将所求得的节点电压代入式（1-71）中解出支路电流，结果与用支路电流法求解一致。
$I_1=1.85\text{A}$，$I_2=1.33\text{A}$，$I_3=-1.21\text{A}$，$I_4=2.54\text{A}$，$I_5=-0.64\text{A}$，$I_6=-3.18\text{A}$。

1.5.3 叠加原理

当电路均由线性元件构成时，称为线性电路。叠加原理是线性电路的一个重要原理，如图 1-35 所示电路中包含了一个电压源和一个电流源，R_1 上电压 U 和流过 R_3 上的电流 I 为未知量，其他均为已知量。由 KCL、KVL 可以求解出 U、I 分别为

$$\begin{cases} U=\dfrac{R_1}{R_1+R_3}U_s-\dfrac{R_1R_3}{R_1+R_3}I_s \\[2mm] I=\dfrac{1}{R_1+R_3}U_s+\dfrac{R_1}{R_1+R_3}I_s \end{cases} \qquad (1\text{-}72)$$

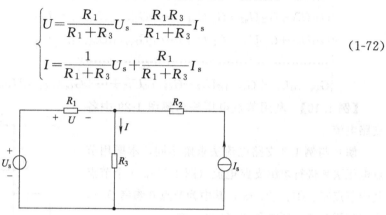

图 1-35　叠加原理

从式（1-72）中可以看出，U、I 均由两部分组成：一部分由 U_s 产生；另一部分由 I_s 产生。叠加原理指出：在由多个独立电源共同作用的线性电路中，任一电压或电流等于各个独立电源分别单独作用时在该处所产生的电压或电流的叠加。

设当电压源 U_s 单独作用时，在 R_1 上产生电压为 U'，流过 R_3 上的电流为 I'，此时电流源置零，即开路，电路变成图 1-36（a）图所示电路。设当电流源 I_s 单独作用时，在 R_1 上产生的电压为 U''，流过 R_3 上的电流为 I''，此时电压源置零，即短路，电路转变成图 1-36（b）所示电路。

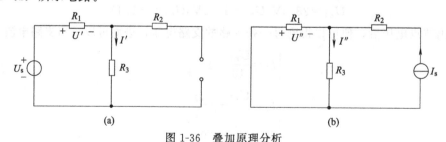

(a)　　　　　　　　　　　　　　　　(b)

图 1-36　叠加原理分析

求解得出

$$\begin{cases} U'=\dfrac{R_1}{R_1+R_3}U_s, U''=-\dfrac{R_1R_3}{R_1+R_3}I_s \\[2mm] I'=\dfrac{1}{R_1+R_3}U_s, I''=\dfrac{R_1}{R_1+R_3}I_s \end{cases} \qquad (1\text{-}73)$$

当电压源和电流源同时作用时，所产生的 U、I 则为两者单独作用的代数和，即

$$\begin{cases} U=U'+U'' \\ I=I'+I'' \end{cases} \tag{1-74}$$

将式（1-73）代入式（1-74）中，得到的结果与式（1-72）一致，验证了叠加原理的正确性。在应用叠加原理时要注意以下问题。

① 叠加原理只能应用于线性电路中。

② 当某个独立源单独作用时，其他独立源均置零；电压源置零，即短路；电流源置零，即开路。电路中其他电路元件连接方式保持不变。

③ 叠加时注意电压、电流的参考方向，如果分电压、分电流的方向与原电路中所标示的参考方向一致时，取正号；不一致时取负号。

④ 计算原电路功率时，不能用各分电路计算所得功率进行叠加得到，因为功率计算是电压和电流的乘积。

【**例 1.11**】 利用叠加原理求解图 1-37 中的电流 I。

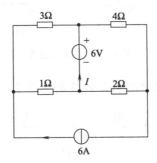

图 1-37 例 1.11 图

解：设电压源单独作用时，产生的电流为 I'，电流源置零，电路变成图 1-38（a）所示，设电流源单独作用时，产生的电流为 I''，电压源置零，电路变成图 1-38（b）所示。

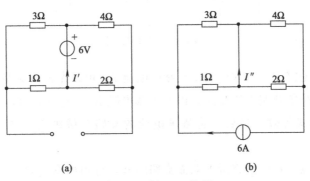

(a)   (b)

图 1-38 例 1.11 分析

由图 1-38（a）求解出 I' 为 2.5A，由图 1-38（b）求解出 I'' 为 0.5A，当电压源和电流源共同作用时，利用叠加原理解得；总电流 I 为两者单独作用时所产生的电流值代数和，即

$$I=I'+I''=3A$$

1.5.4 戴维南定理和诺顿定理

戴维南定理和诺顿定理常用来分析复杂线性电路，其主要思路是将电路中待求支路抽

出来，剩下的线性有源二端网络（网络内部含独立电源，不含独立电源则称为无源二端网络）等效转换为恒压源与电阻串联，或恒流源与电阻并联的结构，这样就将复杂的电路简化了。

1.5.4.1　戴维南定理

戴维南定理：任一线性有源二端网络 N_s 都可以用恒压源与电阻串联的结构来等效，见图 1-39 (b)。恒压源的电压等于有源二端网络的开路电压 U_{OC}，见图 1-39 (c)，电阻 R_0 等于二端网络全部独立电源置零后的等效电阻，如图 1-39 (d)。

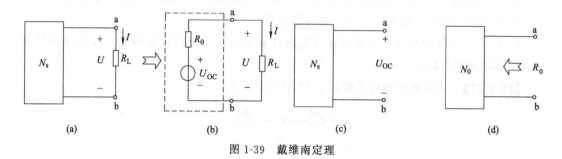

图 1-39　戴维南定理

【例 1.12】　利用戴维南定理求解图 1-40 中的电流 I。

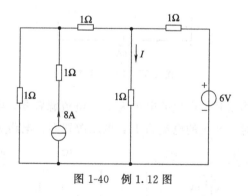

图 1-40　例 1.12 图

解：根据戴维南定理，若求解图中支路的电流 I，可以先将该支路断开，求除了这条支路以外的二端网络的开路电压 U_{OC}，以及等效电阻 R_0，这样就可以将二端网络用电压源和电阻串联的形式等效，最后再将待求电流的支路与戴维南等效电路组合，求解电流 I。

（1）求解开路电压 U_{OC}　将所求电流支路断开，得到如图 1-41 (a) 所示电路，有上下两个节点，3 条支路，左右 2 个回路，为了便于计算，将支路电流 I_1、I_2，电流源端电压 U 及参考方向标示在图中，回路绕行方向均为顺时针。对上面节点列 KCL 方程，对左右 2 个回路列 KVL 方程得到

$$\begin{cases} -I_1 - 8 + I_2 = 0 \\ I_1 - 8 + U = 0 \\ 2I_2 + 6 - U + 8 = 0 \end{cases}$$

求解得到

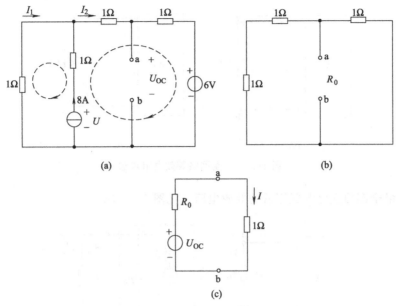

图 1-41　例 1.12 分析

$$I_1 = -\frac{22}{3}\text{A}, I_2 = \frac{2}{3}\text{A}, U = \frac{46}{3}\text{V}$$

求解开路电压

$$U_{OC} = I_2 + 6 = \frac{20}{3}\text{V}$$

（2）求解等效电阻 R_0　将所求电流支路断开，并将所有独立源置零，电压源短路，电流源开路，得到如图 1-41（b）所示电路，求得等效电阻 R_0 为

$$R_0 = \frac{2}{3}\Omega$$

（3）求解支路电流 I　将支路断开以外的二端网络用戴维南等效电路代替，再与所断开的支路组合成如图 1-41（c）所示电路。求得 I 为

$$I = \frac{U_{OC}}{R_0 + 1} = \frac{\dfrac{20}{3}}{\dfrac{2}{3} + 1} = 4\text{A}$$

在应用戴维南定理时，所要求出的两个关键量便是二端网络的开路电压 U_{OC} 及等效电阻 R_0。在求解 R_0 时，方法有三种：一是利用电阻串并联及星三角变换求得；二是通过外加电源法，如图 1-42（a）所示，二端网络两端加上一个电压源 U，计算得出总电流大小为 I，则等效电阻 $R_0 = U/I$；三是计算或者实验得到二端网络的开路电压 U_{OC} 和短路电流 I_{SC}，如图 1-42（b），等效电阻 $R_0 = U_{OC}/I_{SC}$。

1.5.4.2　诺顿定理

诺顿定理：任一线性有源二端网络 N_s 都可以用恒流源与电阻并联的结构来等效，见图 1-43（b）。恒流源的电流等于有源二端网络的短路电流 I_{SC}，见图 1-43（c），电阻 R_0

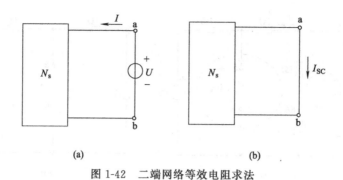

(a)   (b)

图 1-42   二端网络等效电阻求法

等于二端网络全部独立电源置零后的等效电阻,见图 1-43 (d)。

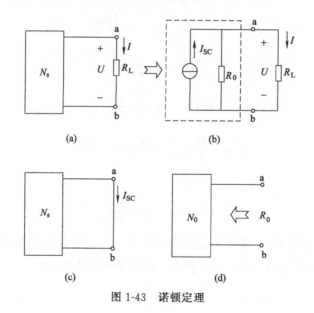

图 1-43   诺顿定理

【例 1.13】 利用诺顿定理求解图 1-44 所示电路中的电流 I。

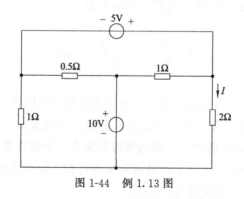

图 1-44   例 1.13 图

解:诺顿等效电路的求解方法跟戴维南等效电路的求解方法类似,要求解图中支路电流 I,可先将该支路断开,求解除了这条支路以外的二端网络的短路电流 I_{SC},以及等效电阻 R_0,这样就可以将二端网络用电流源和电阻并联的形式等效,最后再将待求电流的支路与诺顿等效电路组合，求解电流 I。

(1) 求解短路电流 I_{SC}　将所求电流支路断开，得到如图 1-45（a）所示电路，为了便于计算，将支路电流 I_1、I_2、I_3、I_4，短路电流 I_{SC} 及参考方向标示在图中，回路绕行方向均为顺时针。利用前面所学支路电流法可以得到方程组

$$\begin{cases} I_{SC}=I_1+I_4 \\ I_3=I_1+I_2 \\ -5-I_4+0.5I_3=0 \\ -0.5I_3+10-I_2=0 \\ I_4-10=0 \end{cases}$$

解方程组得到

$I_1=35\text{A}$，$I_2=-5\text{A}$，$I_3=30\text{A}$，$I_4=10\text{A}$，$I_{SC}=45\text{A}$。

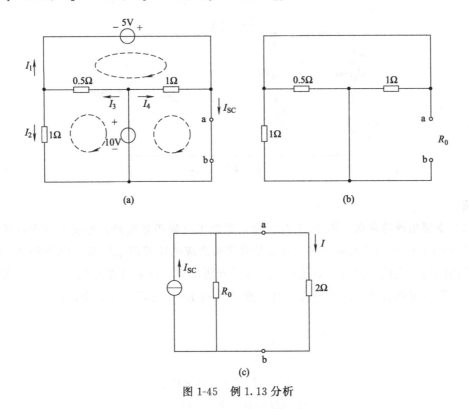

图 1-45　例 1.13 分析

(2) 求解等效电阻 R_0　将待求支路断开，并将有源二端网络中的独立电源置零，电压源置零则短路，电流源置零则断路，电路变成如图 1-45（b）所示，从 a、b 两点看进去等效电阻 R_0 为 1Ω、1Ω 及 0.5Ω 这 3 个电阻并联，则 R_0 为

$$R_0=0.25\Omega$$

(3) 求解支路电流 I

用诺顿等效电路代替有源二端网络与所求支路组成如图 1-45（c）所示电路，求得支路电流 I 为

$$I=5\text{A}$$

此题也可用戴维南定理进行求解，其结果是一样的，因为前面已经对两种电源模型的等效变换进行了介绍，两种解法本质是一样的，只是形式不同而已。

1.5.5 含受控源的电路分析

前面 1.2.4 节对 4 种受控源：电压控制电压源（VCVS）、电流控制电压源（CCVS）、电压控制电流源（VCCS）、电流控制电流源（CCCS）分别进行了介绍。对于含受控源的线性电路，前面介绍的电路分析方法同样适用，但是在处理时要注意，受控源与独立源有所不同，受控源的电压或电流不是独立的，是受某条支路的电压或电流控制，所以特别是在做等效变换处理时，应保持控制支路不变，不能让控制量消失。

【例 1.14】 如图 1-46 所示电路，分别利用支路电流法、节点电压法、叠加原理、戴维南定理求电流 I。

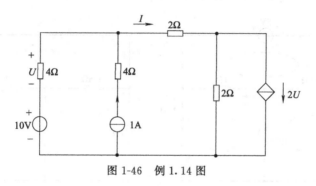

图 1-46 例 1.14 图

解：

（1）支路电流法求解 图 1-46（a）中，类似于电源等效变换，将受控源为电压控制电流源（VCCS）与 2Ω 电阻并联，通过等效变换变成电压控制电压源（VCVS）与 2Ω 电阻串联的结构，变换后的电路如图1-47。为了方便计算，设电流源端电压为 U_1，方向如图所示，取回路绕行方向为顺时针，对上面节点列 KCL 方程，对 2 个网孔列 KVL 方程得到

$$\frac{U}{4}+I-1=0$$

$$-U-4I+U_1-10=0$$

$$2I+2I-4U-U_1+4=0$$

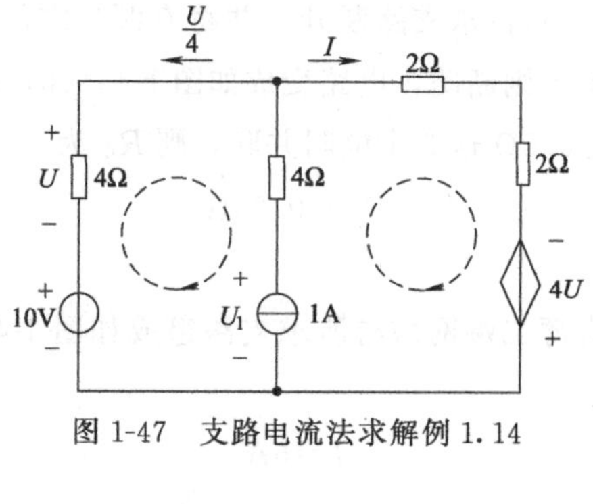

图 1-47 支路电流法求解例 1.14

联立上面三式求解得出

$$I = 1.25\text{A}$$

（2）节点电压法求解　如图 1-48 所示，电路中出现了某条支路是由恒流源与电阻串联的情况，计算自导时不考虑该支路的电阻，同时电路中含有受控电流源，在建立节点电压方程时，把控制量用节点电压表示，并暂时把它当做独立电流源，列写节点方程有

$$\begin{cases} \left(\dfrac{1}{4}+\dfrac{1}{2}\right)U_{n1} - \dfrac{1}{2}U_{n2} = \dfrac{10}{4}+1 \\ -\dfrac{1}{2}U_{n1} + \left(\dfrac{1}{2}+\dfrac{1}{2}\right)U_{n2} = -2U = -2(U_{n1}-10) \end{cases}$$

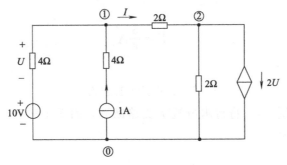

图 1-48　节点电压法求解例 1.14

求解得到节点电压分别为

$$U_{n1} = 9\text{V}, U_{n2} = 6.5\text{V}$$

从而得到电流 I

$$I = \frac{U_{n1}-U_{n2}}{2} = 1.25\text{A}$$

（3）利用叠加原理求解

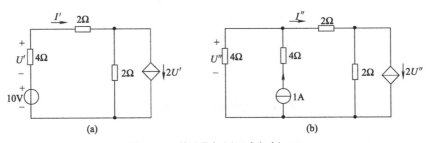

图 1-49　利用叠加原理求解例 1.14

【例 1.14】　中包含一个电压源和一个电流源，需要注意的是，VCCS 的控制量 U 也是由电压源和电流源共同作用产生，根据叠加原理，当电压源单独作用时，电流源置零，即开路，产生的电流为 I'，电路变成如图 1-49（a）所示，同样将 VCCS 等效变换成 VCVS 求解方程组

$$\begin{cases} U' = -4I' \\ 2I' + 2I' - 4U' - 10 - U' = 0 \end{cases}$$

得到

$$I' = \frac{5}{12}\text{A}$$

当电流源单独作用时，电压源置零，即短路，电路变成如图 1-49（b）所示，将 VCCS 等效变换成 VCVS，取电流源端电压为 U_1，方向为上正下负，回路绕行方向取为顺时针，利用支路电流法列得方程

$$\begin{cases} \dfrac{U''}{4} + I'' = 1 \\ -4 + U_1 - U'' = 0 \\ 2I'' + 2I'' - 4U'' - U_1 + 4 = 0 \end{cases}$$

得到

$$I'' = \frac{5}{6}\text{A}$$

利用叠加原理解得

$$I = I' + I'' = 1.25\text{A}$$

（4）戴维南定理求解　将待求电流 I 支路断开，如图 1-50（a）所示，求开路电压 U_{OC}，U_{OC} 可以看出为

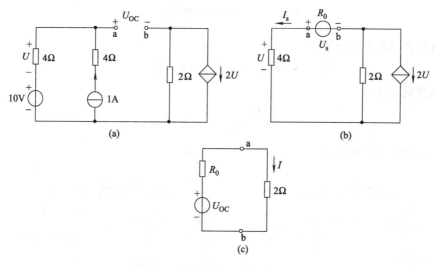

图 1-50　戴维南定理求解例 1.14

a 点电位减去 b 点电位得到

$$U_{\text{OC}} = V_{\text{a}} - V_{\text{b}}$$

将下面的节点作为电势零点，则有

$$V_{\text{a}} = 10 + U = 10 + 4 = 14\text{V}$$

$$V_{\text{b}} = -4U = -16\text{V}$$

所以开路电压

$$U_{\text{OC}} = V_{\text{a}} - V_{\text{b}} = 30\text{V}$$

求等效电阻 R_0，将独立源置零，但是又要将受控源保留在电路中，所以在此时一般

采用外加电源法计算总电流。等效电阻等于外加电源电压除以总电流的方法或者用有源二端网络的开路电压除以短路电流求解。如图 1-50（b）所示电路，本题采用外加电源法。

$$R_0 = \frac{U_s}{I_s} = 22\Omega$$

将戴维南等效电路与待求支路组合成如图 1-50（c）所示电路，求得 I 为

$$I = \frac{U_{OC}}{R_0 + 2} = 1.25\text{A}$$

习　题

1-1　题 1-1 图所示电路，元件 1、2 和 3 上的电压和电流参考方向如图所示，$I_1 = 2\text{A}$，$I_2 = -3\text{A}$，$I_3 = -5\text{A}$，$U_1 = 3\text{V}$，$U_2 = -1\text{V}$，$U_3 = 2\text{V}$。

（1）指出哪些元件上的电压和电流为关联参考方向，哪些为非关联参考方向；

（2）分别计算元件 1、2 和 3 的功率，并指出是发出功率还是吸收功率。

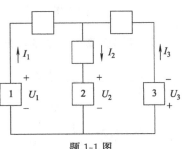

题 1-1 图

1-2　已知 u 和 i 的参考方向如题 1-2 图所示，列出各元件 u 和 i 的表达式。

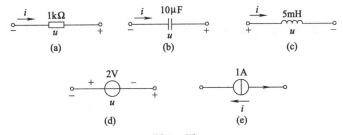

题 1-2 图

1-3　题 1-3 图所示电路，求 V_a、V_b 和 U_{ab}。

1-4　在题 1-4 图所示电路中，求 I 和 U_{34}。

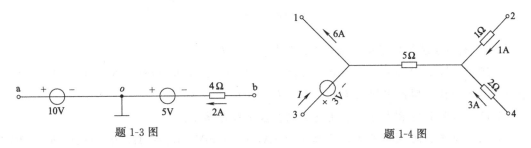

题 1-3 图　　　　　　　　题 1-4 图

1-5　在题 1-5 图所示电路中，已知 $I_2 = -2\text{A}$，$I_6 = 3\text{A}$，$I_3 = 1\text{A}$，列写出 a、b 和 c 点的 KCL 方程，并计算 I_1、I_4 和 I_5。

1-6 题1-6图所示电路，列写出回路1、2和3的KVL方程，并求出 U_1、U_2 和 U_3。

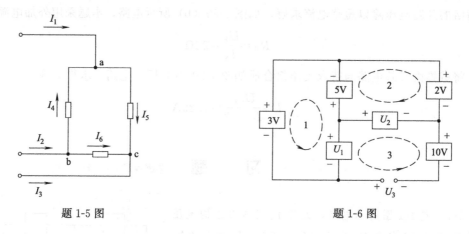

题1-5图   题1-6图

1-7 题1-7图所示电路，先简化电路，然后计算 ab 两端的等效电阻 R_{ab}。

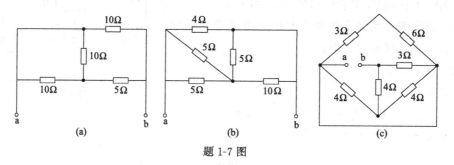

题1-7图

1-8 通过丫-△变换，画出等效变换电路，求题1-8图所示电路 ab 两端的等效电阻 R_{ab}。

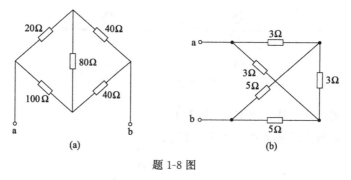

题1-8图

1-9 利用电源等效变换，求题1-9图中所示电流 I。

1-10 如题1-10图中所示，已知 $I_s=2A$，$U_s=36V$，$R_1=3\Omega$，$R_2=6\Omega$，$R_3=2\Omega$，利用支路电流法求解图中的电流 I_1、I_2、I_3。

1-11 如题1-11图所示，利用支路电流法求解 U 和 I。

1-12 如题1-10图中所示，已知 $I_s=2A$，$U_s=36V$，$R_1=3\Omega$，$R_2=6\Omega$，$R_3=2\Omega$，利用节点电压法求解图中的电流 I_1、I_2、I_3。

1-13 如题1-13图所示，利用节点电压法求解电流 I_1、I_2、I_3。

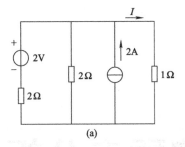 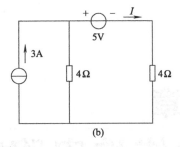

题 1-9 图

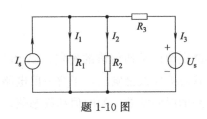 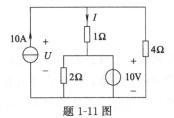

题 1-10 图　　　　　　　　　　　题 1-11 图

1-14　如题 1-9 图所示电路，利用叠加原理分别求解（a）、（b）电路中的电流 I。

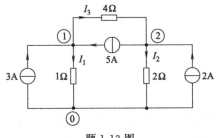 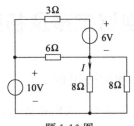

题 1-13 图　　　　　　　　　　　题 1-16 图

1-15　如题 1-11 图所示，利用叠加原理求解 U 和 I。

1-16　利用戴维南定理求解题 1-16 图中的电流 I。

1-17　利用戴维南定理求解题 1-17 图中的电流 I。

1-18　求题 1-18 图中所示的电路 a，b 间的戴维南等效电路。

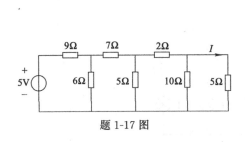 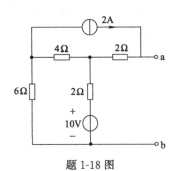

题 1-17 图　　　　　　　　　　　题 1-18 图

第2章
一阶线性电路的暂态分析

本章介绍暂态、稳态的基本概念，阐述换路定律以及初始值的确定，以 RC 和 RL 一阶线性电路为研究对象，分析零输入响应、零状态响应及全响应，了解一阶电路在过渡过程中电压和电流随时间变化的规律，并确定电路的时间常数、初时值和稳态值，介绍工程上使用的三要素法。

2.1 换路定律及初始值

2.1.1 电路过渡过程

在日常生活中，人们在烧水时，经过一段时间后，水便会沸腾，水温上升到 100℃，这样达到一个稳定状态，这时当再注入一些冷水进入后，水不再沸腾，需要继续加热一段时间后再次沸腾，达到稳定状态。当条件发生改变时，从一个稳定状态经过一段时间后转变到另一个稳定状态，这个过程称为过渡过程。

对于电路也是如此，电路中的稳态是指：给电路加上恒定的或者按周期变化的激励源时，电路的响应也是恒定的或者按激励周期规律变化的。直流电路的稳态是指，电路中的电压和电流在给定的条件下已达到某一稳态值；正弦交流电路的稳态是指响应为与激励同频率的正弦量。

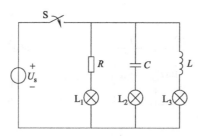

图 2-1 电路的暂态

暂态是指包含储能元件的电路在换路时（开关接通、断开，电路的参数变化，电源电压变化），电路不能从原来的稳态立即达到新的稳态，而是需要经过一定时间才能达到，这种电路从一个稳态经过一定时间过渡到另一个新的稳态的物理过渡过程称为过渡过程。通常过渡过程是暂时的，故过渡过程又称为暂态。

如图 2-1 所示电路，电阻 R、电容 C、电感 L 分别与灯 L_1、L_2、L_3 串联后并接在恒压源 U_s 两端，电路总开关为 S，开始时 S 为打开状态，电容 C、电感 L 上储存能量为零。当 S 闭合时，分别观察三个灯的现象，发现与电阻串联的灯 L_1 在闭合瞬间立即亮，而且亮度一直保持不变；与电容串联的灯 L_2 从闭合瞬间亮慢慢变暗，直至熄灭，这是因为流过电容的电流与电容两端的电压变化率成正比，开关 S 闭合瞬间，电压变化率最大，电流也最大，随着电容慢慢充电直至充电完毕，电容两端电压为 U_s，电流逐渐减小到 0，电容支路开路，故灯 L_2 熄灭；与电感串联的灯 L_3 从闭合瞬间熄灭慢慢变亮，最后亮度稳定，这是因为电感上的电压与电流变化率成正比，开关 S 闭合瞬间，电流变化率最大，电感上的电压等于 U_s，所以 L_3 上无电压是熄灭的，随着电感上的电流逐渐增大，电流变化率慢慢变小，稳定后，电感上的电压为零，L_3 两端电压等于电源电压 U_s，达到最亮。

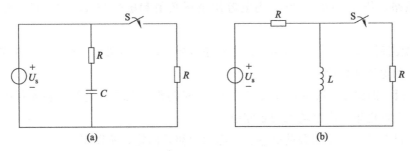

图 2-2　电路含有储能元件无暂态过程

如图 2-2 所示，两个电路在换路之前都已呈稳态，电容支路开路，电感支路短路，换路后并不会产生暂态过程，这是因为电路中电容、电感在换路前后能量并未发生改变。由此得出，电阻元件为非储能元件，换路时没有暂态过程；而有储能元件电容、电感存在的电路，换路时发生能量变化会产生暂态过程。电路产生过渡过程的根本原因是，电路中储能元件的电场能和磁场能不能发生跃变。

暂态有很重要的实际应用，比如在电子技术中常利用 RC 电路的暂态过程来实现振荡信号的产生、信号波形的变换或产生延时做成电子继电器等。但是另一方面暂态也有有害的一面，例如在接通或断开某些电路时发生的暂态过程中，会产生过电压或过电流，从而损坏电气设备或电子元器件。所以，不仅要利用暂态过程有利的一面，也要预防其产生的危害。

2.1.2　换路定律及初始值的确定

根据前面第 1 章 1.2.2 节和 1.2.3 节，电感元件和电容元件属于储能元件，能将电能储存为磁场能和电场能，电感元件储存的磁场能量 $w=\dfrac{1}{2}Li_L^2$，电容元件储存的电场能量 $w=\dfrac{1}{2}Cu_C^2$，能量是不能跃变的，则说明电感元件在换路瞬间电流 i_L 保持不变，电容元件在换路瞬间电压 u_C 保持不变。反之，如果能量发生跃变，则电感电压 $u_L=L\dfrac{\mathrm{d}i_L}{\mathrm{d}t}=$

∞，电容电流 $i_C = C\dfrac{\mathrm{d}u_C}{\mathrm{d}t} = \infty$，这是无法实现的。换路定律：电感电流 i_L、电容电压 u_C 在换路瞬间不发生跃变。为了便于分析计算，取换路瞬间为 $t=0$ 时刻，$t=0_-$ 为换路前的一瞬间，$t=0_+$ 为换路后的一瞬间。则换路定律可表示为

$$\begin{cases} i_L(0_+) = i_L(0_-) \\ u_C(0_+) = u_C(0_-) \end{cases} \tag{2-1}$$

换路定律仅适用于换路瞬间，暂态过程的初始值为，从换路后瞬间 $t=0_+$ 时开始电路中各电压和电流的值。其计算步骤如下。

① 按换路前（$t=0_-$）的电路确定 $i_L(0_-)$、$u_C(0_-)$。

② 根据换路定律确定 $i_L(0_+)$、$u_C(0_+)$。

③ 画出换路后（$t=0_+$）的等效电路图，若 $i_L(0_-)=0$，则电感视为开路，若 $i_L(0_-) \neq 0$，则电感用电流数值和方向与 $i_L(0_-)$ 一致的恒流源代替；若 $u_C(0_-)=0$，则电容视为短路，若 $u_C(0_-) \neq 0$，则电容用电压数值和极性与 $u_C(0_-)$ 一致的恒压源代替。

④ 按换路后（$t=0_+$）的电路，由电路基本定律求出换路后（$t=0_+$）各支路的电流及各元件上的电压初始值。

【例 2.1】　如图 2-3 所示，开关 S 在 $t=0$ 时动作，试求各电路中各元件电压的初始值。开关闭合前电感、电容均无初始储能。

解：由已知条件开关闭合前电感、电容均为初始储能，所以有

$$i_L(0_-)=0\mathrm{A}, u_C(0_-)=0\mathrm{V}$$

根据换路定律有

$$i_L(0_+)=i_L(0_-)=0\mathrm{A}, u_C(0_+)=u_C(0_-)=0\mathrm{V}$$

开关 S 闭合后，$t=0_+$ 瞬间，电感开路，电容短路，画出 $t=0_+$ 的等效电路如图 2-4 所示。则有 $i_1(0_+)=i_C(0_-)=\dfrac{U_s}{R_1}$，$u_1(0_+)=u_L(0_+)=U_s$，$u_2(0_+)=0$。

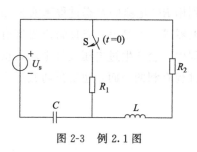

图 2-3　例 2.1 图

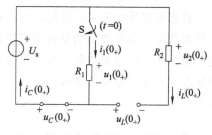

图 2-4　例 2.1 分析

【例 2.2】　如图 2-5 所示电路，其中 $U_s=20\mathrm{V}$，$R_1=5\Omega$，$R_2=R_3=R_4=10\Omega$，$I_s=2\mathrm{A}$，开关 S 在 $t=0$ 时动作，求电感和电容的电压，电流的初始值，设换路前电路处于稳态。

解：（1）先求换路前的 $i_L(0_-)$、$u_C(0_-)$　换路前，电路已稳定，电容开路，电感短路，$t=0_-$ 时的等效电路如图 2-6 所示。

由图 2-6 可得方程组

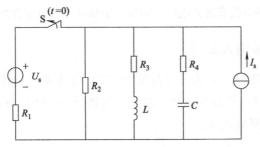

图 2-5　例 2.2 图

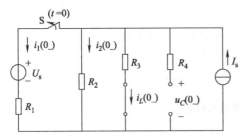

图 2-6　例 2.2 $t=0_-$ 时的等效电路

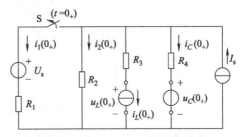

图 2-7　例 2.2 $t=0_+$ 时的等效电路

$$\begin{cases} i_L(0_-)=\dfrac{u_C(0_-)}{R_3} \\[2mm] i_2(0_-)=\dfrac{u_C(0_-)}{R_2} \\[2mm] i_1(0_-)=\dfrac{u_C(0_-)-U_s}{R_1} \\[2mm] i_1(0_-)+i_2(0_-)+i_L(0_-)=I_s \end{cases}$$

代入已知量，求解得到

$$u_C(0_-)=15\text{V},\ i_L(0_-)=1.5\text{A}$$

（2）求换路后的 $u_L\ (0_+)$、$i_C\ (0_+)$　根据换路定律得到

$$u_C(0_+)=u_C(0_-)=15\text{V},\ i_L(0_+)=i_L(0_-)=1.5\text{A}$$

换路后电容相当于一个 15V 的恒压源，电感相当于一个 1.5A 的恒流源，画出 $t=0_+$ 时的等效电路，如图 2-7 所示。

由图 2-7 可列方程组

$$\begin{cases} i_2(0_+)+i_L(0_+)+i_C(0_+)=I_s \\[2mm] i_2(0_+)R_2=u_L(0_+)+i_L(0_+)R_3 \\[2mm] \qquad\qquad\ =u_C(0_+)+i_C(0_+)R_4 \end{cases}$$

代入已知量得

$$u_L(0_+)=-5\text{V},\ i_C(0_+)=-0.5\text{A}$$

2.2　一阶电路的零输入响应

只含有一个独立储能元件的电路称为一阶电路，本章研究 RC、RL 组成的一阶线性电路。

零输入响应：换路后电路中没有独立电源，响应是由储能元件所储存的能量来供给。

2.2.1 RC 电路的零输入响应

如图 2-8（a）所示电路，开关 S 开始拨至 a 端，电压源 U_s 对电容 C 充电使电容两端的电压等于 U_0，$t=0$ 时，开关 S 拨至 b 端，得到如图 2-8（b）所示电路，电容储存的能量通过电阻以热能形式释放出来。

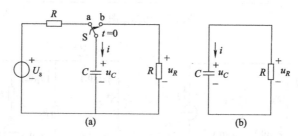

图 2-8 RC 电路的零输入响应

开关拨至 b 后，$t \geqslant 0_+$ 时，根据 KVL 有

$$u_R - u_C = 0 \tag{2-2}$$

由欧姆定律可知

$$u_R = -iR \tag{2-3}$$

根据电容元件电压与电流的关系有

$$i = C \frac{\mathrm{d}u_C}{\mathrm{d}t} \tag{2-4}$$

综合式（2-2）、式（2-3）、式（2-4）得到

$$RC \frac{\mathrm{d}u_C}{\mathrm{d}t} + u_C = 0 \tag{2-5}$$

式（2-5）为一阶齐次微分方程，初始条件为 $u_C(0_+) = u_C(0_-) = U_0$，其通解为

$$u_C = A \mathrm{e}^{pt} \tag{2-6}$$

将式（2-6）代入式（2-5）有

$$(RCp + 1)A \mathrm{e}^{pt} = 0 \tag{2-7}$$

特征方程为

$$RCp + 1 = 0 \tag{2-8}$$

特征方程的根为

$$p = -\frac{1}{RC} \tag{2-9}$$

将初始条件 $u_C(0_+) = u_C(0_-) = U_0$，代入通解表达式（2-6）得到积分常数 A 为

$$A = u_C(0_+) = U_0 \tag{2-10}$$

求得换路后电容电压表达式为

$$u_C = U_0 \mathrm{e}^{-\frac{t}{RC}} \tag{2-11}$$

电阻 R 上的电压为

$$u_R = U_0 \mathrm{e}^{-\frac{t}{RC}} \tag{2-12}$$

电路中的电流 i 为

$$i = C\frac{\mathrm{d}u_C}{\mathrm{d}t} = C\frac{\mathrm{d}}{\mathrm{d}t}(U_0\mathrm{e}^{-\frac{t}{RC}}) = -\frac{U_0}{R}\mathrm{e}^{-\frac{t}{RC}} \tag{2-13}$$

式（2-11）、式（2-12）、式（2-13）说明，电压 u_C、u_R 和电流 i 都是以同样的指数规律衰减，衰减快慢与 $\frac{1}{RC}$ 的大小相关，令 $\tau = RC$，当电阻的单位为 Ω，电容的单位为 F 时，τ 的单位为 s，称之为 RC 电路的时间常数。这样式（2-11）、式（2-12）、式（2-13）可另写为

$$u_C = U_0\mathrm{e}^{-\frac{t}{\tau}} \tag{2-14}$$

$$u_R = U_0\mathrm{e}^{-\frac{t}{\tau}} \tag{2-15}$$

$$i = -\frac{U_0}{R}\mathrm{e}^{-\frac{t}{\tau}} \tag{2-16}$$

以电容两端的电压 u_C 为例，换路后，电容开始放电，理论上当 $t \to \infty$，电容放电完毕，u_C 才衰减至零，但是实际上，按指数规律衰减是开始很快的，逐渐才变得缓慢，见表 2-1。工程上一般认为，经过 $3\tau \sim 5\tau$，过渡过程完毕，电路达到稳定状态。

表 2-1　u_C 随 τ 的变化趋势

t	0	τ	2τ	3τ	4τ	5τ	6τ
u_C	U_0	$0.368U_0$	$0.135U_0$	$0.05U_0$	$0.018U_0$	$0.007U_0$	$0.002U_0$

图 2-9 为电压 u_C、u_R 和电流 i 随时间 t 变化的曲线。

【例 2.3】　如图 2-10 所示电路，$U_s = 100\mathrm{V}$，$R_1 = R_2 = 3\mathrm{k}\Omega$，$C = 100\mu\mathrm{F}$，开关闭合前，电路已经稳定，$t = 0$ 时，开关 S 闭合，求 $u_C(t)$。

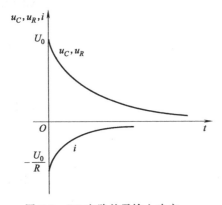

图 2-9　RC 电路的零输入响应 u_C、
　　　u_R 和 i 随时间变化曲线

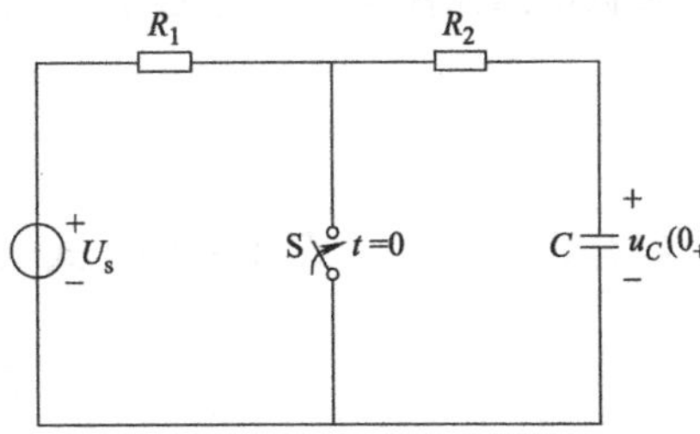

图 2-10　例 2.3 图

解：　由题意知，开关 S 闭合前，电路已达到稳态，电容充电完毕，电容相当于开路，电容两端的电压等于 U_s，即

$$u_C(0_-) = U_s = 100\mathrm{V}$$

根据换路定律知

$$u_C(0_+) = u_C(0_-) = 100\mathrm{V}$$

$t = 0$ 时，开关 S 闭合后，电源 U_s 与电阻 R_1 被短路，电路只剩下右半部分，电容 C

与电阻 R_2 串联，时间常数为

$$\tau = R_2 C = 3 \times 10^3 \times 100 \times 10^{-6} = 0.3\text{s}$$

代入前面推导出的 RC 电路零输入响应公式（2-13）得到

$$u_C = U_0 \mathrm{e}^{-\frac{t}{\tau}} = 100\mathrm{e}^{-3.33t}\ \text{V}$$

2.2.2　RL 电路的零输入响应

现在研究 RL 电路的零输入响应，如图 2-11（a）所示电路，开关 S 开始拨至 a 端，电路达到稳定状态，则电感中的电流为

$$I_0 = \frac{U_\mathrm{s}}{R} = i_L(0_-) \tag{2-17}$$

$t=0$ 时，将开关 S 拨至 b 端，得到如图 2-11（b）所示电路，电感初始电流为 I_0。

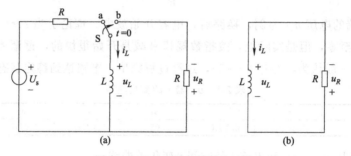

图 2-11　RL 电路的零输入响应

开关拨至 b 后，$t \geqslant 0_+$ 时，根据 KVL 有

$$u_R + u_L = 0 \tag{2-18}$$

由欧姆定律知

$$u_R = i_L R \tag{2-19}$$

根据电感元件电压与电流的关系有

$$u_L = L\frac{\mathrm{d}i_L}{\mathrm{d}t} \tag{2-20}$$

综合式（2-18）、式（2-19）、式（2-20）得到

$$L\frac{\mathrm{d}i_L}{\mathrm{d}t} + Ri_L = 0 \tag{2-21}$$

同样式（2-21）为一阶齐次微分方程，初始条件为 $i_L(0_+) = i_L(0_-) = I_0$，其通解为

$$i_L = A\mathrm{e}^{pt} \tag{2-22}$$

特征方程为

$$Lp + R = 0 \tag{2-23}$$

特征方程的根为

$$p = -\frac{L}{R} \tag{2-24}$$

将初始条件 $i_L(0_+) = i_L(0_-) = I_0$，代入通解表达式（2-22）得到积分常数 A 为

$$A = i_L(0_+) = I_0 \tag{2-25}$$

令 $\tau = L/R$，当电阻的单位为 Ω，电感的单位为 H 时，τ 的单位为 s，称之为 RL 电路的时间常数。

所以电感电流表达式为

$$i_L = I_0 e^{-\frac{t}{\tau}} \tag{2-26}$$

电阻 R 上的电压为

$$u_R = I_0 R e^{-\frac{t}{\tau}} = U_s e^{-\frac{t}{\tau}} \tag{2-27}$$

电感的电压为

$$u_L = -I_0 R e^{-\frac{t}{\tau}} = -U_s e^{-\frac{t}{\tau}} \tag{2-28}$$

图 2-12 为 u_L、u_R 和电流 i_L 随时间 t 变化的曲线。

【例 2.4】　如图 2-13 所示电路，其中 $U_s = 100\text{V}$，$R_1 = 2\Omega$，$R_2 = 4\Omega$，$R_3 = 3\Omega$，$R_4 = 6\text{H}$，$L = 6\text{H}$，开关闭合前，电路已经稳定，$t = 0$ 时，开关 S 由 a 端拨向 b 端，求 $u_L(t)$ 和 $i_L(t)$。

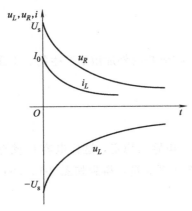

图 2-12　RL 电路的零输入响应 u_L、

u_R 和 i_L 随时间变化曲线

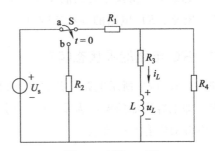

图 2-13　例 2.4 图

解： 开关处于 a 端时，电路已经达到稳定状态，电感 L 相当于短路，有方程

$$i_L(0_-) = \frac{U_s}{(R_3 // R_4 + R_1)} \frac{R_4}{R_3 + R_4} = \frac{50}{3} \text{A}$$

根据换路定律知

$$i_L(0_+) = i_L(0_-) = \frac{50}{3} \text{A}$$

画出 $t = 0_+$ 时的等效电路如图 2-14 所示。先求时间常数 τ，由前面知 RL 电路的时间常数 $\tau = L/R$，其中 R 为换路去掉电感后电路的等效电阻，图 2-14 中，将等效电路中的恒流源去掉，等效电阻为

$$R = R_3 + (R_1 + R_2) // R_4 = 6\Omega$$

求得时间常数 τ 为

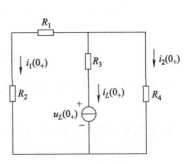

图 2-14　例 2.4 图

$t = 0_+$ 时的等效电路

$$\tau = \frac{L}{R} = 1\text{s}$$

图 2-14 电路，由 KCL、KVL 得方程组

$$
\begin{cases}
i_1(0_+) + i_2(0_+) + i_L(0_+) = 0 \\
-i_1(0_+)R_1 + i_L(0_+)R_3 + u_L(0_+) - i_1(0_+)R_2 = 0 \\
i_2(0_+)R_4 - u_L(0_+) - i_L(0_+)R_3 = 0
\end{cases}
$$

求解得出

$$u_L(0_+) = -100\text{V}$$

利用前面推导出的 RL 电路零输入响应式（2-26）、式（2-28）有

$$i_L = \frac{50}{3}\text{e}^{-t}\text{ A}$$

$$u_L = -100\text{e}^{-t}\text{ V}$$

2.3　一阶电路的零状态响应

零状态响应是指换路时储能元件初始储能为零，响应是由外加激励产生的。下面分别分析 RC 电路、RL 电路的零状态响应。

2.3.1　RC 电路的零状态响应

如图 2-15（a）所示电路，开关 S 开始处于 b 端，电路已稳定，这样电容 C 储存的能量为零，即电容两端的电压为零。$t = 0$ 时，将开关 S 拨至 a 端，得到如图 2-15（b）所示电路，电源对电容开始充电。

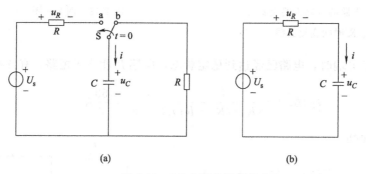

(a)　　　　　　　　　　　　(b)

图 2-15　RC 电路的零状态响应

由于开始时，开关处于 b 端电路已稳定，所以有

$$u_C(0_+) = u_C(0_-) = 0 \tag{2-29}$$

开关拨至 a 端后，$t \geq 0_+$ 时，对图 2-15（b）电路列写 KVL 方程有

$$u_R + u_C - U_s = 0 \tag{2-30}$$

由欧姆定律知

$$u_R = iR \tag{2-31}$$

电容元件电压与电流的关系有

$$i = C \frac{\mathrm{d}u_C}{\mathrm{d}t} \tag{2-32}$$

综合式（2-30）、式（2-31）、式（2-32）得到

$$RC \frac{\mathrm{d}u_C}{\mathrm{d}t} + u_C = U_s \tag{2-33}$$

式（2-33）所示的一阶线性非齐次方程的解为

$$u_C = u_C' + u_C'' \tag{2-34}$$

式中，u_C' 为特解，u_C'' 为通解。特解指的是换路后电路达到稳定时的稳态解，这样特解 u_C' 为

$$u_C' = U_s \tag{2-35}$$

而齐次方程 $RC \dfrac{\mathrm{d}u_C}{\mathrm{d}t} + u_C = 0$ 的通解为

$$u_C'' = A \mathrm{e}^{-\frac{t}{\tau}} \tag{2-36}$$

其中 $\tau = RC$，这样方程的完全解为

$$u_C = U_s + A \mathrm{e}^{-\frac{t}{\tau}} \tag{2-37}$$

将初始条件式（2-29）代入式（2-37）中，求得 A 为

$$A = -U_s \tag{2-38}$$

这样式（2-33）的完全解为

$$u_C = U_s - U_s \mathrm{e}^{-\frac{t}{\tau}} = U_s \left(1 - \mathrm{e}^{-\frac{t}{\tau}}\right) \tag{2-39}$$

代入式（2-32）求得电流 i 为

$$i = C \frac{\mathrm{d}u_C}{\mathrm{d}t} = \frac{U_s}{R} \mathrm{e}^{-\frac{t}{\tau}} \tag{2-40}$$

代入式（2-31）求得电阻 R 上的电压 u_R 为

$$u_R = U_s \mathrm{e}^{-\frac{t}{\tau}} \tag{2-41}$$

画出 RC 电路的零状态响应 u_C、u_R 和 i 随时间变化的曲线，如图 2-16 所示，可知换路后电容 C 开始充电，充电电流从峰值慢慢减小，充电完毕后，充电电流为零，电容相当于开路，电容两端的电压等于外部直流恒压源的电压。

【例 2.5】　如图 2-17 所示电路，$U_s = 4\mathrm{V}$，$R_1 = R_2 = 200\mathrm{k}\Omega$，$R_3 = 100\mathrm{k}\Omega$，电容 $C = 5\mu\mathrm{F}$，电容初始无储存能量，开关 S 动作之前，电路已达到稳态，$t = 0$ 时，将开关 S 闭合，求 $i(t)$、$u_C(t)$。

解：开关未闭合之前，电路已处于稳态，电容无初始储能，所以有

$$u_C(0_+) = u_C(0_-) = 0\mathrm{V}$$

属于零状态响应，当开关闭合后，可将除电容 C 以外的电路用戴维南等效电路代替，如图 2-18（b）所示。除掉电容 C 后的网络开路电压 U_{OC} 为电阻 R_2 上的分压

$$U_{OC} = \frac{R_2}{R_1 + R_2} U_s = 2\mathrm{V}$$

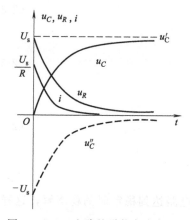

图 2-16 RC 电路的零状态响应 u_C、

u_R 和 i 随时间变化曲线

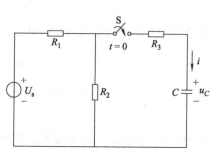

图 2-17 例 2.5 图

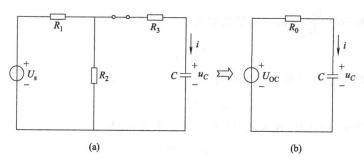

图 2-18 例 2.5 分析

等效电阻 R_0 为将独立电源置零后的等效电阻，将恒压源 U_s 置零，即短路，等效电阻 R_0 为

$$R_0 = R_3 + R_1 // R_2 = 200\text{k}\Omega$$

时间常数 τ 为

$$\tau = R_0 C = 200 \times 10^3 \times 5 \times 10^{-6} = 1\text{s}$$

利用前面已推导出的式（2-39）、式（2-40）得到 u_C（t）、i（t）为

$$u_C = U_{OC}(1 - \mathrm{e}^{-\frac{t}{\tau}}) = 2(1 - \mathrm{e}^{-t})\text{V}$$

代入式（2-32）求得电流 i 为

$$i = \frac{U_{OC}}{R_0}\mathrm{e}^{-\frac{t}{\tau}} = 10\mathrm{e}^{-t}\ \mu\text{A}$$

2.3.2 RL 电路的零状态响应

如图 2-19（a）所示电路，开关 S 置于 b 端，电路已达到稳态，即电感 L 上无储存能量，$t=0$ 时，将开关 S 拨至 a 端，得到如图 2-19（b）所示电路。

由于开始时，开关处于 b 端电路已稳定，所以有

$$i_L(0_+) = i_L(0_-) = 0 \tag{2-42}$$

对图 2-19（b）所示电路列 KVL 方程有

$$u_R + u_L - U_s = 0 \tag{2-43}$$

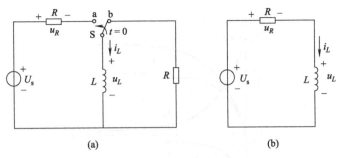

图 2-19　RL 电路的零状态响应

由欧姆定律知

$$u_R = i_L R \tag{2-44}$$

根据电感元件电压与电流的关系有

$$u_L = L\,\frac{\mathrm{d}i_L}{\mathrm{d}t} \tag{2-45}$$

综合式（2-43）、式（2-44）、式（2-45）得到

$$L\,\frac{\mathrm{d}i_L}{\mathrm{d}t} + Ri_L = U_s \tag{2-46}$$

同样，式（2-46）的解为

$$i_L = i'_L + i''_L \tag{2-47}$$

式中，i'_L 为特解，i''_L 为通解。特解 i'_L 为换路后电路达到稳定时的稳态解，稳定后电感相当于短路，有

$$i'_L = \frac{U_s}{R} \tag{2-48}$$

齐次方程 $L\,\dfrac{\mathrm{d}i_L}{\mathrm{d}t} + Ri_L = 0$ 的通解为

$$i''_L = A\mathrm{e}^{-\frac{t}{\tau}} \tag{2-49}$$

其中 $\tau = L/R$，这样方程的完全解为

$$i_L = \frac{U_s}{R} + A\mathrm{e}^{-\frac{t}{\tau}} \tag{2-50}$$

将初始条件式（2-42）代入其中，求得 A 为

$$A = -\frac{U_s}{R} \tag{2-51}$$

得到完全解为　　$$i_L = \frac{U_s}{R}\left(1 - \mathrm{e}^{-\frac{t}{\tau}}\right) \tag{2-52}$$

电感 L 两端的电压 u_L 为

$$u_L = U_s\mathrm{e}^{-\frac{t}{\tau}} \tag{2-53}$$

电阻 R 上的电压 u_R 为

$$u_R = U_s\left(1 - \mathrm{e}^{-\frac{t}{\tau}}\right) \tag{2-54}$$

画出 RL 电路的零状态响应 u_L、u_R 和 i_L 随时间变化的曲线，如图 2-20 所示。可见，

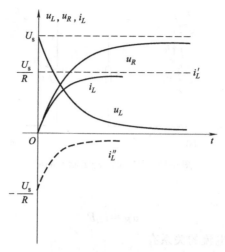

图 2-20 RL 电路的零状态响应 u_L、

u_R 和 i_L 随时间变化曲线

开关拨至 a 端瞬间，流过电感的电流从无到有，而电感对电流的阻碍作用是与电流变化率成正比的，所以此时电流几乎为 0，电感相当于开路，电源电压完全加在电感上，然后流过电感的电流逐渐增加，过渡过程完成后，电流达到稳态，电感相当于短路，电流达到最大值，电感两端的电压变为 0。

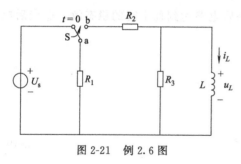

图 2-21 例 2.6 图

【例 2.6】 如图 2-21 所示电路，$U_s = 10\text{V}$，$R_1 = R_2 = R_3 = 4\Omega$，电感 $L = 2\text{H}$，电感初始无储存能量，开关 S 动作之前，电路已达到稳态，$t = 0$ 时，将开关 S 由 a 端拨至 b 端，求 i_L、u_L。

解：由于开关 S 开始置于 a 端，电路已稳定，所以有

$$i_L(0_+) = i_L(0_-) = 0\text{A}$$

属于 RL 电路零状态响应，$t = 0$ 时，开关由 a 端拨至 b 端，形成如图 2-22 （a）所示电路，为了便于分析，将电感 L 去掉，剩下的网络用戴维南等效电路代替，见图 2-22 （b）。

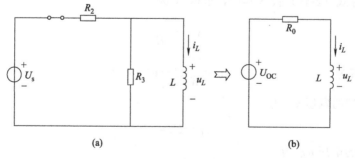

(a)   (b)

图 2-22 例 2.6 分析

去掉电感 L 后的网络开路电压 U_{OC} 为电阻 R_3 上的分压

$$U_{OC} = \frac{R_3}{R_2 + R_3} U_s = 5\text{V}$$

等效电阻 R_0 为将独立电源置零后的等效电阻，将恒压源 U_s 置零，即短路，等效电阻 R_0 为

$$R_0 = R_2 // R_3 = 2\Omega$$

时间常数 τ 为

$$\tau = \frac{L}{R_0} = 1\text{s}$$

套用前面已推导出的式（2-52）、式（2-53）得到

流过电感 L 的电流 i_L 为

$$i_L = \frac{U_{OC}}{R_0}(1 - e^{-\frac{t}{\tau}}) = 2.5(1 - e^{-t})\text{A}$$

电感 L 两端的电压 u_L 为

$$u_L = U_{OC}e^{-\frac{t}{\tau}} = 5e^{-t}\text{ V}$$

2.4　一阶电路的全响应

前面分析 RC 电路、RL 电路的零输入响应和零状态响应，一阶电路的全响应指的是：一阶电路在非零初始状态受到激励时，电路所产生的响应。

2.4.1　RC 电路的全响应

如图 2-23（a）所示电路，开关 S 置于 b 端，恒压源 U_0 对电容充电完毕，电路已经稳定，$t = 0$ 时，开关 S 拨至 a 端，得到如图 2-23（b）所示电路，由于电容上已储存能量，电压为 U_0，有

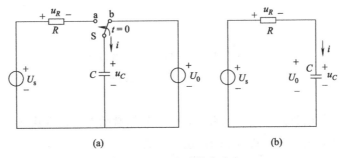

图 2-23　RC 电路的全响应

$$u_C(0_+) = u_C(0_-) = U_0 \tag{2-55}$$

开关 S 闭合后，根据 KVL 有

$$RC\frac{\mathrm{d}u_C}{\mathrm{d}t} + u_R = U_s \tag{2-56}$$

特解 u_C' 为

$$u'_C = U_s \tag{2-57}$$

通解 u''_C 为
$$u''_C = A\mathrm{e}^{-\frac{t}{\tau}} \tag{2-58}$$

其中 $\tau = RC$，这样方程的完全解为

$$u_C = U_s + A\mathrm{e}^{-\frac{t}{\tau}} \tag{2-59}$$

代入初始条件有

$$U_0 = U_s + A\mathrm{e}^{-\frac{0}{\tau}} \tag{2-60}$$

解得积分常数 A 为

$$A = U_0 - U_s \tag{2-61}$$

所以电容的电压为

$$u_C = U_s + (U_0 - U_s)\mathrm{e}^{-\frac{t}{\tau}} = U_0\mathrm{e}^{-\frac{t}{\tau}} + U_s(1 - \mathrm{e}^{-\frac{t}{\tau}}) \tag{2-62}$$

从式（2-62）看出，右边第一项是 RC 电路的零输入响应，右边第二项是 RC 电路的零状态响应，这说明一阶电路的全响应是零输入响应和零状态响应的线性叠加，一阶电路的全响应可表示为

全响应＝零输入响应＋零状态响应

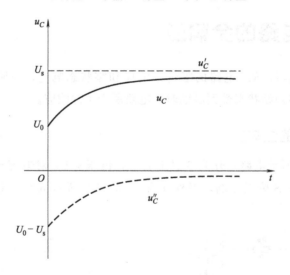

图 2-24　RC 电路的全响应 u_C、稳态分量 u'_C
及暂态分量 u''_C 的响应曲线

零输入响应只与电路的初始状态有关，而与外加激励无关；零状态响应电路是零初始状态，响应由外加激励决定。式（2-62）还可写成

全响应＝稳态分量＋暂态分量

画出 RC 电路的全响应 u_C、稳态分量 u'_C 及暂态分量 u''_C 的响应曲线，如图 2-24。

2.4.2　RL 电路的全响应

如图 2-25（a）所示电路，开关 S 置于 b 端，电路已经稳定，$t=0$ 时，开关 S 拨至 a 端，得到如图 2-25（b）所示电路，由于电感中已储存能量，初始条件为

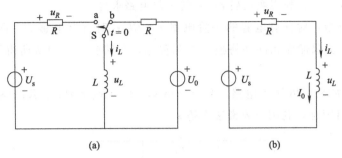

图 2-25　RL 电路的全响应

$$i_L(0_+)=i_L(0_-)=\frac{U_0}{R}=I_0 \tag{2-63}$$

开关 S 闭合后，根据 KVL 有

$$L\frac{\mathrm{d}i_L}{\mathrm{d}t}+Ri_L=U_s \tag{2-64}$$

与式（2-46）一样，解为

$$i_L=i_L'+i_L''=\frac{U_s}{R}+A\mathrm{e}^{-\frac{t}{\tau}} \tag{2-65}$$

代入初始条件有

$$I_0=\frac{U_s}{R}+A\mathrm{e}^{-\frac{0}{\tau}} \tag{2-66}$$

解得积分常数 A 为

$$A=I_0-\frac{U_s}{R} \tag{2-67}$$

所以流过电感的电流为

$$i_L=\frac{U_s}{R}+\left(I_0-\frac{U_s}{R}\right)\mathrm{e}^{-\frac{t}{\tau}}=I_0\mathrm{e}^{-\frac{t}{\tau}}+\frac{U_s}{R}(1-\mathrm{e}^{-\frac{t}{\tau}}) \tag{2-68}$$

与前一节 RC 电路全响应一样，右边第一项是 RL 电路的零输入响应，右边第二项是 RL 电路的零状态响应。

2.5　一阶电路的三要素法

由上一节知道，一阶电路的全响应为零输入响应和零状态响应的叠加，全响应中需要求解三个量：初始值；特解；时间常数。将全响应写成如下表达式

$$f(t)=f(\infty)+[f(0_+)-f(\infty)]\mathrm{e}^{-\frac{t}{\tau}} \tag{2-69}$$

式中，$f(0_+)$ 便是初始值；$f(\infty)$ 为特解，即换路后的稳态值；τ 为时间常数。根据式（2-69）可以直接写出一阶电路在直流激励下的全响应，称之为三要素法。

在应用三要素法时步骤如下。

① 初始值 $f(0_+)$：利用换路定律和 $t=0_+$ 等效电路求得。

② 稳态值 $f(\infty)$：利用换路后 $t=\infty$ 的等效电路求得。

③ 求时间常数：对含有电容的一阶电路 $\tau=RC$；对含有电感的一阶电路 $\tau=L/R$。其中 R 是换路后去除储能元件并将独立电源置零，在储能元件两端所得无源二端网络的等效电阻。

【**例 2.7**】 如图 2-26 所示电路，$I_s=10\text{mA}$，$R_1=R_2=4\text{k}\Omega$，$R_3=8\text{k}\Omega$，$C=10\mu\text{F}$，开关 S 在 $t=0$ 时闭合，利用三要素法求解 u_C。

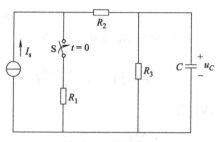

图 2-26 例 2.7 图

解：根据三要素法得到电容上的电压 u_C 为

$$u_C(t)=u_C(\infty)+[u_C(0_+)-u_C(\infty)]\mathrm{e}^{-\frac{t}{\tau}}$$

需要解出三个量，分别为初始值 $u_C(0_+)$、换路后稳态值 $u_C(\infty)$ 以及时间常数 τ。

（1）初始值 $u_C(0_+)$　开关 S 闭合前，电路已经稳定，电容充电完毕，相当于开路，端电压等于电阻 R_3 上的电压，即

$$u_C(0_-)=I_s\times R_3=10\times 10^{-3}\times 8\times 10^3=80\text{V}$$

利用换路定律有

$$u_C(0_+)=u_C(0_-)=80\text{V}$$

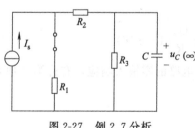

图 2-27 例 2.7 分析

（2）稳态值 $u_C(\infty)$　换路后电路达到稳态，如图 2-27 所示，求解得出 $u_C(\infty)$ 为

$$u_C(\infty)=I_s[R_1//(R_2+R_3)]\frac{R_3}{R_2+R_3}=20\text{V}$$

（3）时间常数 τ　先求等效电阻 R，将电容去除，并将独立源置零，即电流源开路，所得网络的等效电阻为

$$R=R_3//(R_1+R_2)=4\text{k}\Omega$$

这样得到时间常数 τ 为

$$\tau=RC=0.04\text{s}$$

利用公式得到电压 u_C 为

$$u_C(t)=u_C(\infty)+[u_C(0_+)-u_C(\infty)]\mathrm{e}^{-\frac{t}{\tau}}=20+60\mathrm{e}^{-25t}\text{V}$$

【**例 2.8**】 如图 2-28 所示电路，$U_{s1}=4\text{V}$，$U_{s2}=10\text{V}$，$R_1=R_2=R_3=2\Omega$，$L=3\text{H}$，当 $t=0$ 时，开关 S 闭合，利用三要素法求电流 i、i_L。

解：（1）求初始值 $i(0_+)$ 和 $i_L(0_+)$　若求 $i(0_+)$ 必须先求 $i_L(0_+)$，而 $i_L(0_+)$ 可以解出 $i_L(0_-)$，然后通过换路定律得到。开始时，开关 S 打开，电路已经稳定，电感相

当于短路，所以 $i_L(0_-)$ 为

$$i_L(0_-)=\frac{U_{s1}}{R_1+R_2}=\frac{4}{2+2}=1\text{A}$$

根据换路定律求得

$$i_L(0_+)=i_L(0_-)=1\text{A}$$

画出 $t=0_+$ 时的电路图如图 2-29（a）所示，根据 KCL、KVL 有

$$\begin{cases}i(0_+)=i_2(0_+)+i_L(0_+)\\i(0_+)R_1+i_2(0_+)R_2+U_{s2}-U_{s1}=0\end{cases}$$

解得

$$i(0_+)=-1\text{A}$$

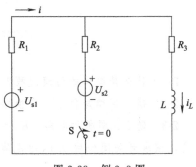

图 2-28　例 2.8 图

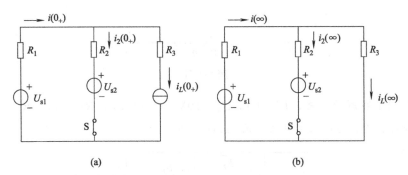

(a)　　　　　　　　(b)

图 2-29　例 2.8 分析

（2）求稳态值 $i(\infty)$ 和 $i_L(\infty)$　开关 S 闭合后，电路达到新的稳态，此时电感相当于短路，换路后得到电路如图 2-29（b）所示，利用支路电流法有

$$\begin{cases}i(\infty)=i_2(\infty)+i_L(\infty)\\i(\infty)R_1+i_2(\infty)R_2+U_{s2}-U_{s1}=0\\i_L(\infty)R_3-U_{s2}-i_2(\infty)R_2=0\end{cases}$$

求解得到

$$i(\infty)=-\frac{1}{3}\text{A},i_L(\infty)=\frac{7}{3}\text{A}$$

（3）求时间常数 τ　将电感去掉，并将独立源置零，所得网络的等效电阻为

$$R=R_3+R_1//R_2=3\Omega$$

时间常数 τ 为

$$\tau=\frac{L}{R}=1\text{s}$$

利用式（2-69）得到

$$i(t)=i(\infty)+[i(0_+)-i(\infty)]\text{e}^{-\frac{t}{\tau}}=-\frac{1}{3}-\frac{2}{3}\text{e}^{-t}\text{A}$$

$$i_L(t)=i_L(\infty)+[i_L(0_+)-i_L(\infty)]\text{e}^{-\frac{t}{\tau}}=\frac{7}{3}-\frac{4}{3}\text{e}^{-t}\text{A}$$

习　题

2-1　什么是电路的过渡过程？电路中含有哪些元件的电路存在过渡过程？

2-2　换路定律是什么？在换路瞬间，电容器上的电压初始值应等于什么？

2-3　题 2-3 图所示电路，$R_1 = R_2 = 10\text{k}\Omega$，$C = 1\mu\text{F}$，$U_\text{s} = 3\text{V}$。开关 S 闭合前电路已稳定，试求开关闭合后 0.1s 时电容 C 两端的电压为多少？

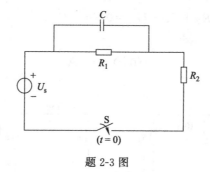

题 2-3 图

2-4　题 2-4 图所示电路，$I_\text{s} = 1\text{A}$，$U_\text{s} = 10\text{V}$，$C = 10\mu\text{F}$，$R_1 = R_2 = R_3 = 10\text{k}\Omega$，在开关 S 闭合前已达稳态，试求换路后的 $i_{R_3}(t)$，$u_C(t)$。

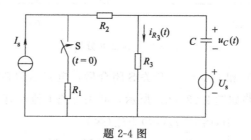

题 2-4 图

2-5　题 2-5 图所示电路，开关 S 未闭合前电路已稳定，求换路后的 $u_1(t)$、$u_2(t)$、$i_1(t)$，$i_2(t)$。

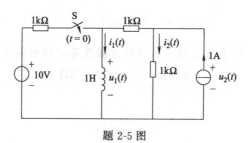

题 2-5 图

第 3 章
正弦交流电路

在生产和生活中普遍应用正弦交流电,特别是三相电路应用更为广泛。正弦交流电路是指含有正弦电源(激励),而且电路各部分所产生的电压和电流(响应)均按正弦规律变化的电路。正弦交流电是供电和用电最主要的形式;正弦交流电在电子、通信、自动控制和测量技术等领域有着广泛的应用。因此,正弦交流电路的分析和计算十分重要。

本章将介绍交流电路的一些基本概念、基本理论和基本分析方法,为后面学习交流电机、电器及电子技术打下基础。

3.1 正弦交流电的基本概念

3.1.1 正弦交流电的三要素

电路中随时间按正弦规律变化的电流、电压或电动势称为正弦交流电,通常简称为正弦量。以正弦电流为例,其数学表达式为

$$i(t) = I_m \sin(\omega t + \psi_i) \tag{3-1}$$

式(3-1)中的三个特征量角频率 ω、幅值 I_m、初相位 ψ_i,称为正弦量的三要素,当 ω、I_m、ψ_i 确定之后,一个正弦量就确定了,其波形图如图 3-1。正弦量的特征表现在变化快慢、取值范围和起始值三个方面,它们分别由 ω、I_m、ψ_i 三要素所决定。

正弦量是一个等幅度振荡、正负交替变化的周期函数,I_m 为正弦量的最大值或幅值。通常用小写字母 i 表示正弦电流在某一时刻的值,称为瞬时值。随着时间变化,正弦量的瞬时值 i 在 I_m 和 $-I_m$ 之间变化,$2I_m$ 称为正弦量的峰-峰值。

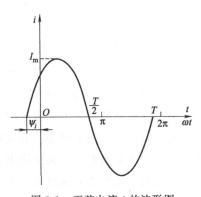

图 3-1 正弦电流 i 的波形图

正弦函数是周期函数,通常将正弦量完成一个循环所需要的时间叫做周期,用 T 表示,单位为秒(s),每秒内完成的周期数称为频率,用 f 表示,单位为赫兹(Hz)。根据此定义,频率和周期应互为倒数,即

$$f=\frac{1}{T}或\,T=\frac{1}{f} \tag{3-2}$$

周期和频率反映了正弦量变化的快慢。除此外，还可用 ω 来表示。ω 称为角频率，单位是 rad/s，正弦量一周期 T 内经历了 2π（见图 3-1），因此每秒内经历的角度为

$$\omega=\frac{2\pi}{T}=2\pi f \tag{3-3}$$

不同的技术领域使用着不同的频率。我国的工业标准频率（简称"工频"）是 50Hz。而美国、日本等一些国家采用 60Hz。除工频外，电加热技术领域使用的频率范围为 $50\sim50\times10^6$Hz，有线通信的频率为 $300\sim5000$Hz，无线电通信的频率为 $30\sim3\times10^4$MHz 等。

随着时间 t 的改变，$\omega t+\psi$ 具有不同的值，交流电也就变化到不同的数值。通常将交流电路中的 $\omega t+\psi$ 称为正弦量的相位角，简称相位，它反映出正弦量随时间变化的进程，对于每一给定时刻，都有相应的相位。

ψ 是正弦量在 $t=0$ 时的相位，称为正弦量的初相位，简称初相。单位用弧度或度表示，通常用绝对值小于等于$180°$（π）的角度表示。初相位决定了正弦量的初始值，初相位与计时零点有关，所选计时零点不同，正弦量的初始值就不同。

正弦量随时间变化的图形称为正弦波，图 3-1 是正弦电流 $i\,(t)=I_m\sin\,(\omega t+\psi_i)$ 的波形，横坐标可以用时间 t 或者 ωt 表示。由于正弦量的方向是周期性变化的，在电路图上所标的方向都是正弦量的参考方向。在正半周，正弦量为正，表示正弦量的实际方向和参考方向相同；在负半周，正弦量为负，表示正弦量的实际方向与参考方向相反。

【例 3.1】 我国和大多数国家的电力标准频率是 50Hz，试求其周期和角频率。

解：

$$T=\frac{1}{f}=0.02\text{s} \qquad \omega=2\pi f=2\times3.14\times50=314\text{rad/s}$$

3.1.2 正弦量的有效值

正弦量是随时间 t 按正弦规律变化的，因此在每一瞬间的值都是不同的。每一瞬间的值称为瞬时值。交流电的瞬时值分别用小写字母表示，如 e、u、i 分别表示正弦电动势、正弦电压和正弦电流的瞬时值。

瞬时值中最大的值称为最大值或幅值，分别用加注下标 m 的大写字母表示，如 U_m、I_m 分别表示电压、电流的幅值。

幅值虽然能够反映出交流电的大小，但毕竟只是一个特定瞬间的数值，不能用来计量交流电。因此，交流电做功的效应往往不用幅值，而是用有效值来计量。交流量的有效值由它的热效应来确定：如果交流电流 i 通过一个电阻 R 时，在一个周期的时间内产生的热量，与某直流电流 I 通过同一电阻在相同时间内所产生热量相同，则这一直流电流 I 定义为该交流电流 i 的有效值。也就是说，交流量的有效值就是与它的热效应相同的直流值。

综上所述，可得

$$\int_0^T i^2R\,\mathrm{d}t=I^2RT$$

由此可得出周期电流的有效值为

$$I = \sqrt{\frac{1}{T} \int_0^T i^2 \, \mathrm{d}t} \tag{3-4}$$

可见，周期电流的有效值，就是瞬时值的平方在一个周期内平均后的平方根，所以有效值又称为方均根值。但式（3-4）仅适用于周期性变化的正弦（或非正弦）交流量，不能用于非周期量。

对于一个正弦交流电，即 $i(t) = I_{\mathrm{m}} \sin(\omega t + \psi_i)$，则

$$I = \sqrt{\frac{1}{T} \int_0^T I_{\mathrm{m}}^2 \sin^2 \omega t \, \mathrm{d}t} = \sqrt{\frac{I_{\mathrm{m}}^2}{T} \int_0^T \frac{1 - \cos 2\omega t}{2} \mathrm{d}t}$$

$$= I_{\mathrm{m}} \sqrt{\frac{1}{T} \left(\int_0^T \frac{1}{2} \mathrm{d}t - \int_0^T \frac{1}{2} \cos 2\omega t \, \mathrm{d}t \right)} = \frac{I_{\mathrm{m}}}{\sqrt{2}} = 0.707 I_{\mathrm{m}} \tag{3-5}$$

$$U = \sqrt{\frac{1}{T} \int_0^T u^2 \, \mathrm{d}t} \tag{3-6}$$

同理，正弦交流电压和电动势的有效值与其最大值的关系为

$$U = \frac{U_{\mathrm{m}}}{\sqrt{2}} = 0.707 U_{\mathrm{m}} \tag{3-7}$$

$$E = \frac{E_{\mathrm{m}}}{\sqrt{2}} = 0.707 E_{\mathrm{m}} \tag{3-8}$$

注意：式（3-4）和式（3-6）是计算周期电流和周期电压有效值的一般公式，式（3-5）、（3-7）和式（3-8）仅适用于正弦量。

按照规定，交流电的瞬时值用小写字母表示，如 i、u 和 e 等；有效值用大写字母表示，如 U、I 和 E 等；最大值用带下标 m 的大写字母表示，如 I_{m}、U_{m} 等。

工程上常说的交流电压和电流的大小都是指有效值。一般交流测量仪表的刻度也是按照有效值来标定的。电器设备铭牌上的电压、电流也是有效值。但计算电路元件耐压值和绝缘的可靠性时，要用幅值。

【例 3.2】 振幅为 2.82 A 的正弦电流通过 500Ω 的电阻，试求该电阻消耗的功率 P。

解： 电流的有效值为

$$I = 0.707 I_{\mathrm{m}} = 0.707 \times 2.82 = 2\mathrm{A}$$

根据有效值的定义，振幅为 2.82A 的正弦电流与 2A 直流电流的热效应相等，故

$$P = I^2 R = 2^2 \times 500 = 2000 = 2\mathrm{kW}$$

3.1.3　正弦量的相位差

相位差指的是两个同频率的正弦量之间的相位之差，反映的是两个正弦量的相位关系。一般规定，相位差就是两个正弦量的初相位之差。例如，正弦电路中同频率的电压、电流为

$$\begin{cases} u = U_{\mathrm{m}} \sin(\omega t + \psi_u) \\ i = I_{\mathrm{m}} \sin(\omega t + \psi_i) \end{cases} \tag{3-9}$$

初相位分别为 ψ_u、ψ_i，二者的相位角之差为

$$\varphi=(\omega t+\psi_u)-(\omega t+\psi_i)=\psi_u-\psi_i \qquad (3\text{-}10)$$

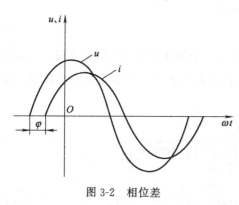

图 3-2 相位差

图 3-2 中，绘出正弦量 u 和 i 的波形。以 ωt 为横坐标轴，u、i 为纵坐标轴，则可以看到两个正弦量的相位差恰好是横轴上两个初相位角的差值。

电路中常采用"超前"和"滞后"来说明两个同频率正弦量相位比较的结果。如图 3-2 所示，u、i 到达零点（或峰值点）时有先有后，变化步调不一致。u 比 i 先到达正幅值，它们的相位关系是 $\psi_u > \psi_i$。因此可以说，在相位上 u 比 i 超前 φ 角，或者说 i 比 u 滞后 φ 角。

若 $\varphi=\psi_u-\psi_i=0°$，波形如图 3-3（a）所示，这时就称 u 与 i 相位相同，或者说 u 与 i 同相。

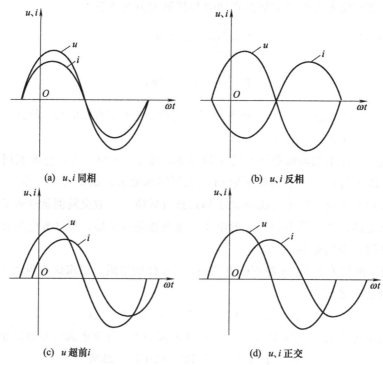

(a) u、i 同相

(b) u、i 反相

(c) u 超前 i

(d) u、i 正交

图 3-3 同频率正弦量的相位关系

当 $\varphi=\psi_u-\psi_i=\pm180°$ 时，波形如图 3-3（b）所示，这时就称 u 与 i 相位相反，或者说 u 与 i 反相。

若 $\varphi=\psi_u-\psi_i>0°$，波形如图 3-3（c）所示，这时称在相位上 u 比 i 超前 φ 角。

当 $\varphi=\pm90°$ 时，波形如图 3-3（d）所示，当 u 达到最大值时，i 刚好达到零值，这时就称 u 比 i 正交。

不同频率两个正弦量之间的相位差不再是一个常数，而是随时间变动。应当注意，当两个同频率正弦量的计时起点改变时，它们的初相也跟着改变，但两者的相位差仍保持不变，即相位差与计时起点的选择无关，其数值与时间无关。

【例 3.3】 已知正弦电压 $u_1(t)=U_{m1}\sin\left(\omega t+\dfrac{\pi}{6}\right)$ V, $u_2(t)=U_{m2}\sin\left(\omega t-\dfrac{\pi}{2}\right)$ V,

正弦电流 $i_3(t)=I_{m3}\sin\left(\omega t+\dfrac{2\pi}{3}\right)$ A，试求各正弦量间的相位差。

解： 正弦电压 u_1 和 u_2 频率相同，可以进行相位比较，其相位差就等于 u_1 和 u_2 的初相角之差，即

$$\varphi_{12}=\psi_{u1}-\psi_{u2}=\frac{\pi}{6}\left(-\frac{\pi}{2}\right)=\frac{2\pi}{3}>0$$

上式说明，u_1 超前 u_2 $\dfrac{2\pi}{3}$ 弧度，或 u_2 滞后 u_1 $\dfrac{2\pi}{3}$ 弧度。

正弦电压 u_1 和正弦电流 i_3 间的相位差为

$$\varphi_{13}=\psi_{u1}-\psi_{i3}=\frac{\pi}{6}-\frac{2\pi}{3}=-\frac{\pi}{2}<0$$

上式说明，u_1 滞后 i_3 $\dfrac{\pi}{2}$ 弧度，或 i_3 超前 u_1 $\dfrac{\pi}{2}$ 弧度。

正弦电压 u_2 和正弦电流 i_3 间的相位差为

$$\varphi_{23}=\psi_{u3}-\psi_{i3}=\left(-\frac{\pi}{2}\right)-\frac{2\pi}{3}=-\frac{7\pi}{6}<0$$

但由于 $|\varphi_{23}|\geqslant\pi$，不满足相位差 $|\varphi_{23}|\leqslant\pi$ 的条件，因此，应取 $\varphi_{23}=-\dfrac{7\pi}{6}+2\pi=\dfrac{5\pi}{6}$，

因此，u_2 超前 i_3 $\dfrac{5\pi}{6}$ 弧度，或 i_3 滞后 u_2 $\dfrac{5\pi}{6}$ 弧度。

注意，从上例中也可以看出，相位超前与滞后不满足传递性。

3.2　相量表示法

前面讲述过正弦量的两种基本表示法，分别用三角函数式和波形图表示。前者方便于求出正弦量的瞬时值，而后者形象直观。但在进行几个正弦量的加减等运算时，用这两种表示法就比较复杂。由此，在本节引入正弦量的相量表示法，就是利用复数来表示正弦交流量的一种方法，它是交流电路分析计算中最为方便的一种。

3.2.1　复数的四种表示形式

　　(1) 复数的代数形式 　　　　　　　　$A=a+jb$ 　　　　　　　　　　(3-11)

式 (3-11) 可用来表示一个复数，a 称为复数 A 的实部，b 称为复数 A 的虚部，$j=\sqrt{-1}$ 是复数中的虚数单位。每个复数 $A=a+jb$ 在复平面上都有一点 $A(a,b)$ 与之对应，如图 3-4 所示。图中横轴表示复数的实部，称为实轴，以 $+1$ 为单位；纵轴表示复数的虚部，称为虚轴，以 $+j$ 为单位。在该复平面上，A 点的横坐标等于复数的实部 a，点的纵坐标等于复数的虚部 b。取复数 A 的实部和虚部分别用下列符号表示

$$\mathrm{Re}[A]=a,\mathrm{Im}[A]=b$$

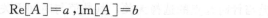

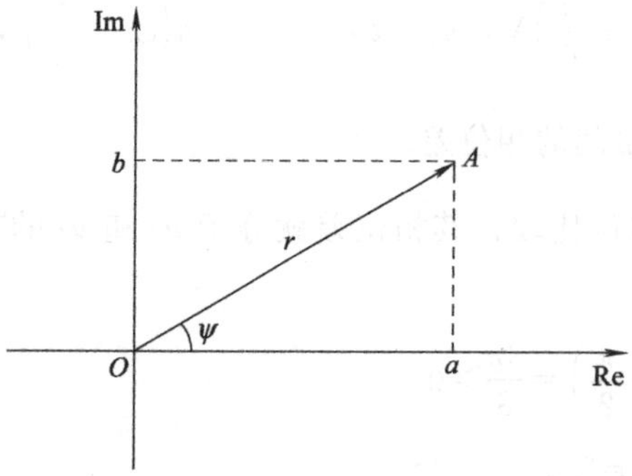

其中 $\mathrm{Re}\,[A]$ 是取方括号内复数的实部，$\mathrm{Im}\,[A]$ 是取其虚部。

图 3-4 中由原点指向点 A 的向量OA也与复数 A 对应，其实部为 a，虚部为 b。$r=\sqrt{a^2+b^2}$ 称为复数的模；$\psi=\arctan\dfrac{a}{b}$ 称为辐角，是复数与实轴正方向间的夹角。

（2）复数的三角形式　由

$$a=r\cos\psi,b=r\sin\psi$$

图 3-4　复平面

得

$$A=r\cos\psi+\mathrm{j}r\sin\psi=r(\cos\psi+\mathrm{j}\sin\psi) \tag{3-12}$$

（3）复数的指数形式　根据欧拉公式

$$\cos\psi=\frac{\mathrm{e}^{\mathrm{j}\psi}+\mathrm{e}^{-\mathrm{j}\psi}}{2},\sin\psi=\frac{\mathrm{e}^{\mathrm{j}\psi}-\mathrm{e}^{-\mathrm{j}\psi}}{2\mathrm{j}}$$

则

$$A=r(\cos\psi+\sin\psi)=r\left(\frac{\mathrm{e}^{\mathrm{j}\psi}+\mathrm{e}^{-\mathrm{j}\psi}}{2}+\mathrm{j}\frac{\mathrm{e}^{\mathrm{j}\psi}-\mathrm{e}^{-\mathrm{j}\psi}}{2\mathrm{j}}\right)=r\,\mathrm{e}^{\mathrm{j}\psi} \tag{3-13}$$

（4）复数的极坐标形式

在极坐标中，复数写成极坐标形式

$$A=r\angle\psi \tag{3-14}$$

以上关于复数的四种表示方法可以互相转换使用。

3.2.2　复数的运算

（1）加减运算　复数的加减运算用复数的直角坐标式比较简便，运算时实部与实部相加减，虚部与虚部相加减，得到一个新的复数。例如有两个复数

$$A=a_1+\mathrm{j}b_1,\ B=a_2+\mathrm{j}b_2$$

则

$$A\pm B=(a_1\pm a_2)+j(b_1\pm b_2) \tag{3-15}$$

即当几个复数进行加减运算时，其和（差）的实部等于几个复数的实部相加（减），和（差）的虚部等于几个复数的虚部相加（减），结果仍为复数。

（2）乘除运算　复数的乘除运算用复数的指数式或极坐标式比较简便。相乘运算时，乘积的模等于各复数模的乘积，积的辐角等于各复数幅角相加之和；相除运算时，商的模等于各复数的模相除之商，商的辐角等于各复数幅角相减之差。

例如有两个复数 $A=r_1\mathrm{e}^{\mathrm{j}\psi_1}=r_1\underline{/\psi_1}$，$B=r_2\mathrm{e}^{\mathrm{j}\psi_2}=r_2\underline{/\psi_2}$，

则

$$AB=r_1\mathrm{e}^{\mathrm{j}\psi_1}r_2\mathrm{e}^{\mathrm{j}\psi_2}=r_1r_2\mathrm{e}^{\mathrm{j}(\psi_1+\psi_2)}=r_1\underline{/\psi_1}\,r_2\underline{/\psi_2}=r_1r_2\underline{/\psi_1-\psi_2} \tag{3-16}$$

$$\frac{A}{B}=\frac{r_1\mathrm{e}^{\mathrm{j}\psi_1}}{r_2\mathrm{e}^{\mathrm{j}\psi_2}}=\frac{r_1}{r_2}\mathrm{e}^{\mathrm{j}(\psi_1-\psi_2)}=\frac{r_1\underline{/\psi_1}}{r_2\underline{/\psi_2}}=\frac{r_1}{r_2}\underline{/\psi_1-\psi_2} \tag{3-17}$$

3.2.3　正弦交流电的相量表示

正弦量具有幅值、频率和初相位三个要素，它们不仅可以用三角函数式和正弦波形表示，还可用相量来表示同频率的正弦量。

把正弦量变换成相量来分析计算正弦交流电路的方法，称为相量法。相量是表示正弦量的复数，它的模等于所表示正弦量的幅值，辐角等于正弦量的初相位。相量法是一种表示和计算同频率正弦量的数学工具，应用相量法可以使正弦量的计算变得很简单。灵活运用复数的表达方式及其四则运算，可以简便分析正弦稳态交流电路。

一个正弦量由三个要素来确定，分别是频率、幅值和初相。因为在同一个正弦交流电路中，电动势、电压和电流均为同频率的正弦量，即频率是已知或特定的，可以不必考虑。只需确定正弦量的幅值（或有效值）和初相位就可表示正弦量。

而一个复数的四种表达方式均要用两个量来描述。不妨用它的模代表正弦量的幅值或有效值，用幅角代表正弦量的初相，于是得到一个表示正弦量的复数，这就是正弦量的相量表示法。

如正弦电流

$$i(t) = I_m \sin(\omega t + \psi_i) = \sqrt{2}\,I\sin(\omega t + \psi_i)$$

其振幅相量为

$$\dot{I}_m = I_m\underline{/\psi_i} \tag{3-18}$$

这是一个与时间无关的复值常数，其中，I_m 为正弦电流的幅值，幅角为该正弦电流的初相。同样也有电压振幅相量 $\dot{U}_m$。相量只是一个复数，但它有特殊的意义，它代表一个正弦波，为与复数相区别，把表示正弦量的复数称为相量，并在大写字母上打一个"·"。正弦电流的有效值 I 与振幅 I_m 之间的关系为：$I_m = \sqrt{2}\,I$，因此

$$\dot{I} = I\underline{/\psi_i} \tag{3-19}$$

在正弦稳态电路中也能完全表示正弦量。将 I 称为电流的有效值相量。在实际应用中，正弦量更多地用有效值表示，以下凡无下标"m"的相量均指有效值相量。

可以用相量表示正弦量，但必须注意，相量只是表示正弦量的一种数学工具，两者仅仅是一一对应关系，但相量并不等于正弦量。因为相量是表示正弦交流电的复数，正弦交流电是时间函数，所以二者之间并不相等。

相量是复数，可采用复数的各种数学表达形式和运算规则。对于复数的四种表示形式，相量可以有与之对应的四种表示形式，例如，对应于 $i = \sqrt{2}\,I\sin(\omega t + \psi_i)$，有如下式（3-20）。

$$\begin{cases} \dot{I} = I_a + jI_b \\ \dot{I} = I(\cos\psi_i + j\sin\psi_i) \\ \dot{I} = I e^{j\psi_i} \\ \dot{I} = I\underline{/\psi_i} \end{cases} \tag{3-20}$$

其中，$I=\sqrt{I_a^2+I_b^2}$，$I_a=I\cos\psi_i$，$I_b=I\sin\psi_i$，$\psi_i=\arctan\dfrac{I_a}{I_b}$。

为了能更明确表示相量的概念，可以把几个同频率正弦量的相量表示在同一复平面上。这种在复平面上按照各个正弦量的大小和相位关系用初始位置的有向线段画出的若干

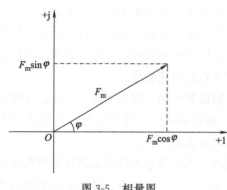

图 3-5　相量图

个相量图形，叫做相量图，即相量在复平面的几何表示。如图 3-5 所示。需要提醒注意的是，只有正弦周期量才能用相量表示，相量不能表示非正弦周期量。只有同频率的正弦量才能画在同一相量图中。

【例 3.4】　已知 $i_1=I_{1m}\sin(\omega t+\psi_1)=100\sin(\omega t+45°)\mathrm{A}$，

$i_2=I_{2m}\sin(\omega t+\psi_2)=60\sin(\omega t-30°)\mathrm{A}$，

求：(1) $i=i_1+i_2$；(2) 画出相量图。

解：(1) 两电流频率相同，可以进行加减运算。两电流对应相量的和为

$$\dot{I}_m=\dot{I}_{1m}+\dot{I}_{2m}=100\mathrm{e}^{\mathrm{j}45°}+60\mathrm{e}^{-\mathrm{j}30°}$$

$$=(70.7+\mathrm{j}70.7)+(52-\mathrm{j}30)=129\mathrm{e}^{\mathrm{j}18°20'}\mathrm{A}$$

因此可得

$$i=129\sin(\omega t+18°20')\mathrm{A}$$

(2) 按一定比例画出 $\dot{I}_m$、$\dot{I}_{1m}$、$\dot{I}_{2m}$ 的相量图，如图 3-6 所示。

由于 i_1 的初相位 $\psi_1=45°$，故 $\dot{I}_{1m}$ 位于正实轴逆时针方向旋转45°的位置。i_2 的初相位 $\psi_2=-30°$，故 $\dot{I}_{2m}$ 位于正实轴顺时针方向旋转30°的位置。长度分别等于有效值 I_{1m} 和 I_{2m}，总电流相量 $\dot{I}_m$ 位于 $\dot{I}_{1m}$ 和 $\dot{I}_{2m}$ 组成的平行四边形的对角线上。

综上所述，正弦量有多种表示方法，要学会在不同场合灵活运用不同的表示方法，以方便计算，并要注意：文字符号的大小写要分清，明确瞬时值

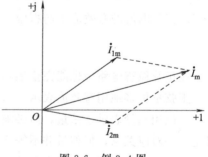

图 3-6　例 3.4 图

和相量的相互关系，它们都代表同一物理量，并有一一对应关系，但并不相等。

3.3　正弦交流电路的分析

从单一参数的交流电路入手，分析如何确定正弦交流电路中电压、电流的大小与相位、瞬时功率、平均功率、有功功率和无功功率的概念和计算，介绍欧姆定律、基尔霍夫定律的相量形式以及 RLC 组合电路的分析。

3.3.1　电阻元件的交流电路

（1）电压与电流的关系　若电路中电阻参数的作用远大于其他元件参数，则此电路称为纯电阻交流电路，如实际生活中含有白炽灯、电烙铁等电器的电路。用如图 3-7（a）所示电路表示纯电阻交流电路。

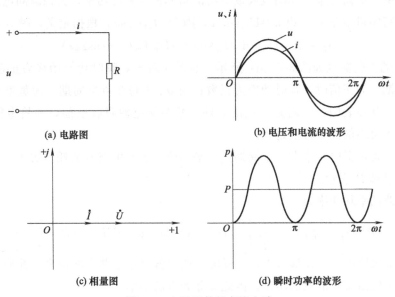

(a) 电路图　　(b) 电压和电流的波形
(c) 相量图　　(d) 瞬时功率的波形

图 3-7　电阻元件的交流电路

在交流电路中，电阻的电压和电流虽然随时间不断变化，但每一瞬间电压和电流的关系均符合欧姆定律。选择电压电流的关联参考方向，根据欧姆定律，于是有 $u=Ri$；选择电流为参考量，设流过电阻的电流为

$$i=I_{\mathrm{m}}\sin\omega t$$

于是

$$u=Ri=RI_{\mathrm{m}}\sin\omega t=U_{\mathrm{m}}\sin\omega t$$

其中 $RI_{\mathrm{m}}=U_{\mathrm{m}}$，还可以写成

$$\frac{U_{\mathrm{m}}}{I_{\mathrm{m}}}=\frac{U}{I}=R,\varphi=\psi_u-\psi_i=0 \tag{3-21}$$

由此可见，在电阻元件的交流电路中：电压和电流是两个同频率的正弦量；电压、电流的幅值（及有效值）之间仍满足欧姆定律；在关联参考方向下，电压和电流同相位。

电压电流的波形如图 3-7（b）所示。可以直接表示出电压相量与电流相量之间的关系，便于今后分析一般的正弦电路。设电压、电流的有效值相量分别为 $\dot{U}=U\underline{/\psi_u}$、$\dot{I}=I\underline{/\psi_i}$，其比值为

$$\frac{\dot{U}}{\dot{I}}=\frac{U\underline{/\psi_u}}{I\underline{/\psi_i}}=\frac{U}{I}\underline{/\psi_u-\psi_i} \tag{3-22}$$

将式（3-21）代入，得

$$\frac{\dot{U}}{\dot{I}}=R \tag{3-23}$$

上式为欧姆定律的相量表示。电压和电流的相量如图 3-7（c）所示。

（2）功率　电路在某一瞬间吸收或放出的功率称为瞬时功率，为该瞬间电压与电流的乘积，用小写字母 p 表示。设 $u=U_m\sin\omega t$，则 $i=I_m\sin\omega t$，根据定义，瞬时功率为

$$p_R=ui=U_m\sin\omega t\,I_m\sin\omega t=U_mI_m(1-\cos2\omega t) \tag{3-24}$$

功率 p 的变化曲线如图 3-7（d）所示。从图中看出，瞬时功率始终为正值：当 u、i 同在正半周期、为正值时，瞬时功率为正数；当 u、i 同在负半周期、为负值时，瞬时功率也为正数。从而表明，电阻是一耗能元件，始终从电源吸收电能，并将电能转化为热能，是一种不可逆的能量转换过程。

工程上通常用瞬时功率在一个周期内的平均值来表示电路所消耗的功率，称为平均功率，用大写字母 P 表示。

电阻电路的平均功率为

$$P=\frac{1}{T}\int_0^T p_R\,\mathrm{d}t=\frac{1}{T}\int_0^T UI(1-\cos2\omega t)\,\mathrm{d}t=UI=I^2R=\frac{U^2}{R} \tag{3-25}$$

它与直流电路的公式在形式上是一样的。通常各交流电器上的功率，都是指其平均功率。由于它是电路实际消耗的功率，因此又称为有功功率。

【例 3.5】　电路如图 3-7（a）所示，已知 $U=220\mathrm{V}$，$u=\sqrt{2}U\sin(314t-30°)\mathrm{V}$，$R=50\Omega$，试求电流 i 和平均功率 P。

解：由已知条件得

$$\dot{U}=220\underline{/-30°}\mathrm{V}$$

$$\dot{I}=\frac{\dot{U}}{\dot{I}}=\frac{220\underline{/-30°}}{50}=4.4\underline{/-30°}\mathrm{A}$$

电流瞬时值

$$i=4.4\sqrt{2}\sin(314t-30°)\mathrm{A}$$

平均功率

$$P=UI=220\mathrm{V}\times4.4\mathrm{A}=968\mathrm{W}$$

3.3.2　电感元件的交流电路

（1）电压与电流的关系　若电路中电感参数的作用远大于其他元件参数，则此电路称为纯电感交流电路。对于一个将漆包线密绕在用非铁磁性材料做成的骨架上所构成的线性电感线圈，可以忽略导线的电阻及电容，成为一个线性的纯电感元件。用如图 3-8（a）所示电路表示纯电感交流电路。

电感线圈中有正弦电流通过时，其线圈内外会建立磁场并产生磁通量 Φ。设线圈匝数为 N，电流 i 通过线圈所产生的磁通量总和为

$$\Psi = N\Phi$$

式中，Ψ 称为磁链。定义

$$L = \frac{\Psi}{i} = \frac{N\Phi}{i}$$

式中，L 是一个与 Ψ、i 及 t 无关的正值常数，称为线圈的自感系数，也称电感。国际单位制中，电感单位是亨利，简称亨，符号为 H。也可以用毫亨，符号为 mH。它们的关系是

$$1\mathrm{mH} = 10^{-3}\mathrm{H}$$

在图 3-8（a）所示电感中，电感端电压 u 和电流 i 在关联参考方向下，由电磁感应定律，电路中会产生电动势 e_L

$$e_L = -\frac{\mathrm{d}\Psi}{\mathrm{d}t} = -L\frac{\mathrm{d}i}{\mathrm{d}t} \tag{3-26}$$

于是在线圈两端出现电压 u_L，规定 e_L、u_L 和 i 正方向相同。

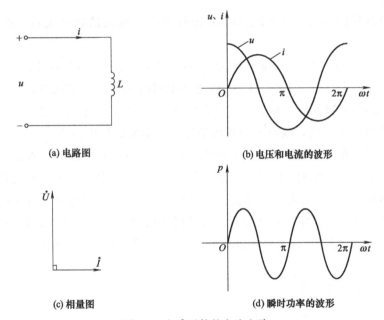

(a) 电路图 (b) 电压和电流的波形

(c) 相量图 (d) 瞬时功率的波形

图 3-8 电感元件的交流电路

根据基尔霍夫定律，线圈的端电压应该为

$$u = -e_L = L\frac{\mathrm{d}i}{\mathrm{d}t} \tag{3-27}$$

设电感中的电流为 $i = I_\mathrm{m}\sin\omega t$，选择电压电流的关联参考方向，根据电感上电压电流的关系式，可得电感电压为

$$u = L\frac{\mathrm{d}i}{\mathrm{d}t} = L\frac{\mathrm{d}(I_\mathrm{m}\sin\omega t)}{\mathrm{d}t} = LI_\mathrm{m}\omega\cos\omega t$$

$$= LI_\mathrm{m}\omega\sin(\omega t + 90°) = U_\mathrm{m}\sin(\omega t + 90°)$$

式中，$U_\mathrm{m} = LI_\mathrm{m}\omega$，$\psi_u = 90°$，还可以写成

$$\frac{U_\mathrm{m}}{I_\mathrm{m}} = \frac{U}{I} = \omega L = X_L, \varphi = \psi_u - \psi_i = 90° \tag{3-28}$$

由此可见，在电感元件的交流电路中：电压和电流是两个同频率的正弦量；电压、电流的幅值（及有效值）之比为 ωL，设 $X_L = \omega L$，称为感抗；在关联参考方向下，电压超前电流90°，或者说电流滞后电压90°。电压电流波形如图 3-8（b）所示。

在式（3-28）中，当电压一定时，X_L 越大，则电流 I 越小，可见感抗对电流有阻碍作用。ω 的单位是 rad/s，L 的单位是 H，则感抗的单位是 Ω。X_L 与 R 具有同样的单位。

用相量表示电压与电流的关系，则有

$$\frac{\dot{U}}{\dot{I}} = \frac{U\underline{/\psi_u}}{I\underline{/\psi_i}} = \frac{U}{I}\underline{/\psi_u - \psi_i} = X_L\underline{/-30°} = jX_L$$

$$\dot{U} = jX_L\dot{I} = j\dot{I}\omega L = j\dot{I}(2\pi fL) \tag{3-29}$$

电感上电压和电流的相量图如图 3-8（c）所示。

（2）功率　当电压 u 和电流 i 的变化规律和相互关系确定后，便可得到瞬时功率 p 的变化规律。

设纯电感线圈的电流为 $i = I_m\sin\omega t$，根据电压与电流的相互关系，电感的瞬时功率为

$$p = ui = U_m\sin(\omega t + 90°)I_m\sin\omega t = UI\sin2\omega t = X_LI^2\sin2\omega t \tag{3-30}$$

可见，p 是一个幅值为 UI、以 2ω 的角频率随时间交变的正弦量，其波形如图 3-8（d）所示。从图中可以看出，在第 1 个和第 3 个 1/4 周期内，电压和电流同时为正或同时为负，瞬时功率 p 为正值，线圈中的磁场增强，表明电感从电源吸取电能转换成磁场能量而储存起来了。在第 2 和第 4 个 1/4 周期内，u、i 一个为正另一个为负，瞬时功率 p 为负值，此时电感在向外输出能量。在这 2 个 1/4 周期内，流过线圈的电流都从峰值下降到零，说明线圈中的磁场在减弱、在消失，线圈正在将所储存的磁场能量转换为电能送还给电路。这是一种可逆的能量转换过程。而磁场的储能与电流和磁场的方向无关。当 u、i 同号时（$|i|$增大）$p>0$，电感吸收功率；当 u、i 异号时（$|i|$减小）$p<0$，电感提供功率。

电感元件的平均功率为

$$P_L = \frac{1}{T}\int_0^T p\,dt = \frac{1}{T}\int_0^T UI\sin2\omega t\,dt = 0 \tag{3-31}$$

上式进一步说明了电感元件中没有能量损耗，只有电感和外电路进行能量互换。采用无功功率 Q 来度量。规定电感的无功功率等于瞬时功率的幅值，也就是等于电感元件两端电压的有效值 U 与电流有效值 I 的乘积，即

$$Q_L = UI = X_LI^2 = \frac{U^2}{X_L} \tag{3-32}$$

为了与有功功率区别，无功功率 Q 的单位称为无功伏安，简称乏（var）。无功功率反映了电感与外电路进行能量交换的规模。要正确理解"无功"的含义，是指"交换但不消耗"。

【例 3.6】　已知 $L = 0.1H$，$u = 10\sqrt{2}\sin(\omega t + 30°)$ V，当 $f_1 = 50Hz$，$f_2 = 5000Hz$ 时，求 X_L 及 I，并画出 $\dot{U}$、$\dot{I}$ 相量图。

解： 当 $f_1 = 50\text{Hz}$ 时
$$X_{L1} = 2\pi f_1 L = 31.4\Omega$$

$$\dot{I}_1 = \frac{\dot{U}}{jX_{L1}} = \frac{10\underline{/-30°}}{j31.4} = 0.38\underline{/-60°}\text{A}$$

当 $f_2 = 5000\text{Hz}$ 时

$$X_{L2} = 2\pi f_2 L = 3140\Omega$$

$$\dot{I}_2 = \frac{\dot{U}}{jX_{L2}} = \frac{10\underline{/30°}}{j3140} = 0.0038\underline{/-60°}\text{A}$$

U、I 的相量图如图 3-9 所示。

3.3.3　电容元件的交流电路

（1）电压与电流的关系　图 3-10（a）所示是一个线性电容元件的交流电路，电压和电流的参考方向如图所示。

电压与电流的关系为

$$i = C\frac{\mathrm{d}u}{\mathrm{d}t}$$

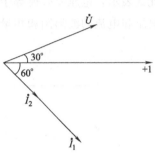

图 3-9　U、I 的相量图

设电容两端的电压为

$$u = \sqrt{2}U\sin(\omega t + \psi_u)$$

则电流为

$$i = C\frac{\mathrm{d}u}{\mathrm{d}t} = C\frac{\mathrm{d}[\sqrt{2}\sin(\omega t + \psi_u)]}{\mathrm{d}t} = \sqrt{2}\omega CU\cos(\omega t + \psi_u)$$

$$= \sqrt{2}\omega CU\sin(\omega t + \psi_u + 90°) = \sqrt{2}I\sin(\omega t + \psi_i) \tag{3-33}$$

式中

$$\psi_i = \psi_u + 90°$$

可见，电容两端的电压与通过电容的电流之间有如下关系：电压和电流是同频率的正弦量；电流在相位上超前电压90°，即电压在相位上滞后于电流90°；电压和电流的有效值之间的关系为

$$U = \frac{1}{C\omega}I \tag{3-34}$$

式（3-34）中的 $\frac{1}{C\omega}$ 具有电阻的量纲，单位为欧姆（Ω），称为电容电抗，简称容抗，用 X_C 表示，即

$$X_C = \frac{1}{C\omega} = \frac{1}{2\pi fC} \tag{3-35}$$

当电压一定时，X_C 越大，则电流越小，因此 X_C 是表示电容元件对交流电流阻碍作用大小的物理量。X_C 的大小与电容 C 和交流电流的频率 f 成反比。在直流电流中，由于 $f = 0$，$X_C \to \infty$，因此电容元件可视作开路。

若用相量表示电压和电流的关系，则为

$$\dot{U} = U e^{j\psi_u}$$

$$\dot{I} = I e^{j\psi_i} = I e^{j(\psi_u + 90°)}$$

$$\frac{\dot{U}}{\dot{I}} = \frac{U}{I} e^{-j90°} = -jX_C$$

$$\dot{U} = -jX_C \dot{I} = -j\frac{1}{C\omega}\dot{I} \tag{3-36}$$

此式表示，电压有效值等于电流有效值与容抗的乘积，电压在相位上滞后于电流90°。电容电压和电流的波形图和相量图如图 3-10（b）（c）所示，其中 $\psi_u = 0°$。

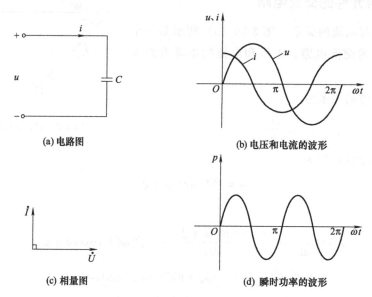

(a) 电路图　　　　　　　(b) 电压和电流的波形

(c) 相量图　　　　　　　(d) 瞬时功率的波形

图 3-10　电容元件的交流电路

（2）功率　当电压 u 和电流 i 的变化规律和相互关系确定后，便可得出瞬时功率 p 的变化规律，即

$$\begin{aligned}
p = ui &= \sqrt{2}U\sin(\omega t + \psi_u)\sqrt{2}I\sin(\omega t + \psi_i) \\
&= 2UI\sin(\omega t + \psi_u)\sin(\omega t + \psi_u + 90°) \\
&= 2UI\sin(\omega t + \psi_u)\cos(\omega t + \psi_u) \\
&= UI\sin(2\omega t + 2\psi_u)
\end{aligned} \tag{3-37}$$

由此可知，p 是一个幅值为 UI，并以角频率 2ω 随时间变化的正弦量，其波形如图 3-10（d）所示，图中令 $\psi_u = 0°$。对照图 3-10（b）可知，当 $p > 0$ 时，在增加，这时电容在充电，电容中储存的电场能在增加，电容从电源取得电能并转换成电场能，电容吸收功率；当 $p < 0$ 时，在减小，这时电容在放电，电容中储存的电场能又转换成电能送回电源，电容提供功率。这也是一种可逆的能量转换过程，在这一过程中，电容从电源取得的能量等于它归还给电源的能量。说明电容并不消耗电能，它也是一种储能元件，而不是耗能元件。关于这一点也可以从平均功率看出，因为在电容元件的交流电路中平均功率即有功功率为

$$P = \frac{1}{T}\int_0^T p\,\mathrm{d}t = \frac{1}{T}\int_0^T UI\sin(2\omega t + 2\psi_u)\,\mathrm{d}t = 0 \tag{3-38}$$

在电容元件的交流电路中，电容元件与电源之间的能量在不断往返互换，即电容的充放电。能量互换的规模，用无功功率来衡量，它等于瞬时功率的最大值。

为了与电感元件的无功功率进行比较，将 $\psi_u = \psi_i - 90°$ 代入式（3-37），得

$$p = UI\sin(2\omega t + 2\psi_i - 180°) = -UI\sin(2\omega t + 2\psi_i)$$

此式与电感元件瞬时功率的表达式只差一个负号，所以，电容元件的无功功率为

$$Q = -UI = -X_C I^2 = -\frac{U^2}{X_C} \tag{3-39}$$

【例 3.7】　将一个 $100\mu\mathrm{F}$ 电容接到频率为 $50\mathrm{Hz}$，电压有效值为 $110\mathrm{V}$ 的正弦电源上，求电容元件的电流和无功功率。

解：依题意可得

$$X_C = \frac{1}{2\pi fC} = \frac{1}{2\times 3.14\times 50\times 100\times 10^{-6}} = 31.75\Omega$$

$$I = \frac{U}{X_C} = \frac{110}{31.75} = 3.46\mathrm{A}$$

$$Q = -UI = -110\times 3.46 = -380.6\mathrm{var}$$

3.3.4　欧姆定律、基尔霍夫定律的相量形式

相量模型：电压、电流用相量表示，电路参数用复阻抗表示。在关联参考方向，电阻、电感和电容三种理想电路元件的电压相量与电流的关系分别为

电阻元件 $$\dot{U}_R = R\dot{I} \tag{3-40}$$

电感元件 $$\dot{U}_L = \mathrm{j}X_L\dot{I} = \mathrm{j}\omega L\dot{I} \tag{3-41}$$

电容元件 $$\dot{U}_C = -\mathrm{j}X_C\dot{I} = -\mathrm{j}\frac{1}{\omega C}\dot{I} \tag{3-42}$$

将这三种元件在正弦交流电路中电压相量与电流相量的关系归纳为一个表达式，即

$$\dot{U} = Z\dot{I} \tag{3-43}$$

式（3-43）称为欧姆定律的相量形式，式中 Z 称为复阻抗，简称阻抗，单位 Ω。

将图 3-11（a）、（b）和（c）电路中三种理想电路元件的电压和电流用相量表示，将元件参数分别用复阻抗代替，替换后画出的电路图称为正弦交流电路的相量模型，分别为如图 3-11（d）、（e）和（f）所示。用相量模型分析正弦交流电路可简化电路的分析和计算。

用相量法分析计算时，基尔霍夫定律的相量形式与线性电阻电路类似。

KCL 的相量形式为

$$\sum \dot{I} = 0$$

KVL 的相量形式为

$$\sum \dot{U} = 0$$

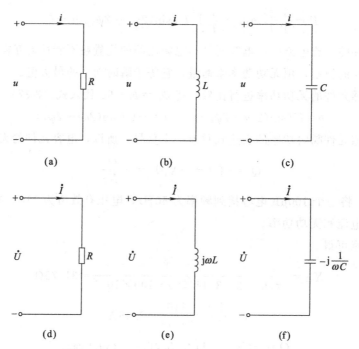

图 3-11 R、L 和 C 正弦交流电路的相量模型

3.3.5 RLC 交流电路

上一节分别对单个的 R、L 和 C 正弦交流电路的相量模型进行了分析，但是实际上，电路并不会这么简单，可能是由 R、L 和 C 组合而成，接下来对 RLC 串联电路和 RLC 并联电路进行分析。

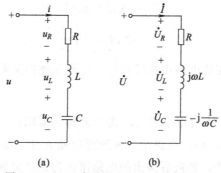

图 3-12 RLC 串联交流电路及其相量模型

（1）RLC 串联电路 RLC 串联电路如图3-12（a）所示，图 3-12（b）是其相量模型。由 KCL 可知

$$\dot{U}=\dot{U}_R+\dot{U}_L+\dot{U}_C \tag{3-44}$$

将式（3-40）、式（3-41）、式（3-42）代入式（3-44）得到

$$\dot{U}=[R+\mathrm{j}(X_L-X_C)]\dot{I}$$
$$=Z\dot{I}$$

其中

$$Z = R + j(X_L - X_C) = R + jX \tag{3-45}$$

阻抗 Z 是一个复数，其实部为电阻 R，虚部为电抗 X，由此得

$$Z = R + jX = |Z|(\cos\varphi + j\sin\varphi) = |Z|e^{j\varphi} = |Z|\angle\varphi \tag{3-46}$$

式（3-46）中 $|Z|$ 为 Z 的模，称为阻抗模，即

$$|Z| = \sqrt{R^2 + X^2} = \sqrt{R^2 + (X_L - X_C)^2}$$

φ 为 Z 的幅角，称为阻抗角，并且 R、X 和 $|Z|$ 满足勾股定理，如图 3-13 所示。

由阻抗三角形可得阻抗角 φ 为

$$\varphi = \arctan\frac{X}{R} = \arccos\frac{R}{|Z|} = \arcsin\frac{X}{|Z|} \tag{3-47}$$

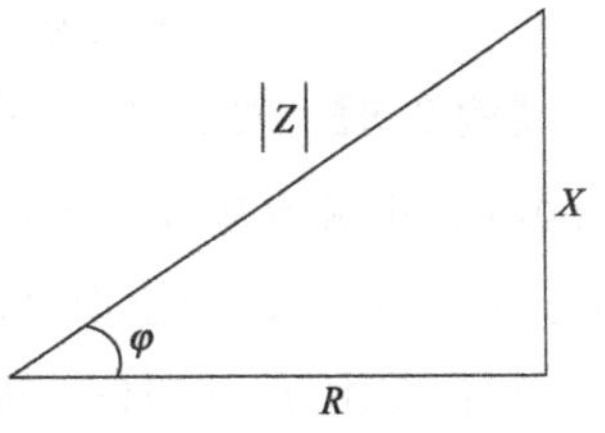

同时

$$Z = \frac{\dot{U}}{\dot{I}} = \frac{U\angle\psi_u}{I\angle\psi_i} = \frac{U}{I}\angle\psi_u - \psi_i \tag{3-48}$$

图 3-13　阻抗三角形

将式（3-48）与式（3-46）对比有

$$|Z| = \frac{U}{I}, \varphi = \psi_u - \psi_i$$

即电压与电流的有效值之比等于阻抗模，电压与电流的相位差等于阻抗角。

当频率一定时，相位差 φ 角的大小决定了电路的参数及电路的性质。

当 $X_L > X_C$ 时，则 $\varphi > 0$，这时电流滞后电压 φ 角，该电路呈电感性；

当 $X_L < X_C$ 时，则 $\varphi < 0$，这时电流超前电压 φ 角，该电路呈电容性；

当 $X_L = X_C$ 时，则 $\varphi = 0$，这时电流与电压同相，该电路呈电阻性。这是由于电路中感抗的作用和容抗的作用互相抵消，这种现象称为谐振。

RLC 串联电路中电压与电流的关系，也采用相量作图的方法，利用几何图形求电压与电流的大小与相位关系。相量图如图 3-14（a）所示。

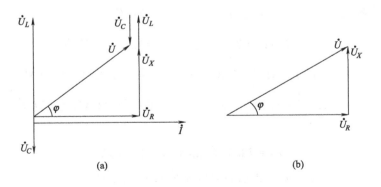

(a)   (b)

图 3-14　RLC 串联交流电路相量图

先取电流相量 $\dot{I}$ 为参考相量，再根据电阻、电感和电容上的电压与电流间的相位关系做出电压相量。接下来，作 $\dot{U}_R$ 与 $\dot{I}$ 同相，作 $\dot{U}_L$ 超前 $\dot{I}$ 90°，作 $\dot{U}_C$ 滞后 $\dot{I}$ 90°，然后根

据平行四边形法则或三角形法则，将$\dot{U}_R$、$\dot{U}_L$、$\dot{U}_C$进行相量相加，就得到了端电压$\dot{U}$相量。

$$\dot{U}_X = \dot{U}_L + \dot{U}_C$$

$\dot{U}_X$为电抗压降。由$\dot{U}$、$\dot{U}_R$、$\dot{U}_X$组成一个三角形，如图 3-14（b）所示，称为电压三角形。其中

$$U = \sqrt{U_R^2 + (U_L - U_C)^2} = \sqrt{(RI)^2 + (X_L I - X_C I)^2}$$
$$= \sqrt{R^2 + (X_L - X_C)^2}\, I = |Z| I$$

【例 3.8】 如图 3-12 所示 R、L、C 串联电路，已知 $R = 10\Omega$、$L = 100\text{mH}$、$C = 1000\mu\text{F}$，电源电压 $u = 220\sqrt{2}\sin(\omega t + 30°)\text{V}$，$f = 50\text{Hz}$　求：①电流 i；②各元件电压 u_R、u_L、u_C；③画出向量图。

解：①由 $f = 50\text{Hz}$，知 $\omega = 2\pi f = 314\text{rad/s}$，可得

$$X_L = \omega L = 314 \times 100 \times 10^{-3} = 31.4\Omega$$

$$X_C = \frac{1}{\omega C} = \frac{1}{314 \times 1000 \times 10^{-6}} = 3.19\Omega$$

$$X = X_L - X_C = 31.4 - 3.19 = 28.21\Omega$$

$$Z = R + jX = 10 + j28.21 = 29.93\angle 70.5°\,\Omega$$

电源电压相量为

$$\dot{U} = 220\angle 30°\text{V}$$

所以电流相量为

$$\dot{I} = \frac{\dot{U}}{Z} = \frac{220\angle 30°}{29.93\angle 70.5°} = 7.35\angle -40.5°\text{A}$$

从而有

$$i = 7.35\sqrt{2}\sin(314t - 40.5°)\text{A}$$

② 要计算各元件电压 u_R、u_L、u_C，先计算其相量值

$$\dot{U}_R = R\dot{I} = 10 \times 7.35\angle -40.5° = 73.5\angle -40.5°\text{V}$$

$$\dot{U}_L = jX_L\dot{I} = 31.4 \times 7.35\angle 90° - 40.5° = 230.79\angle 49.5°\text{V}$$

$$\dot{U}_C = -jX_C\dot{I} = 3.19 \times 7.35\angle -90° - 40.5° = 23.45\angle -130.5°\text{V}$$

故有

$$u_R = 73.5\sqrt{2}\sin(314t - 40.5°)\text{V}$$

$$u_L = 230.79\sqrt{2}\sin(314t + 49.5°)\text{V}$$

$$u_C = 23.4\sqrt{2}\sin(314t - 130.5°)\text{V}$$

③ 画出相量图如图 3.15 所示。

当电路中存在多个阻抗串联时，如图 3-16（a）所示，串联电路的等效阻抗等于各串联阻抗之和，如图 3-16（b）所示，Z 为电路的等效阻抗。

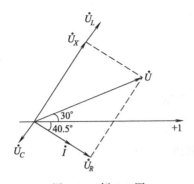

图 3-15　例 3.8 图

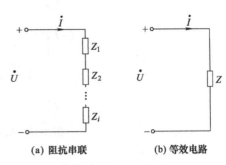

(a) 阻抗串联　　　　　(b) 等效电路

图 3-16　阻抗的串联

$$Z=Z_1+Z_2+\cdots+Z_i=(R_1+R_2+\cdots+R_i)+\mathrm{j}(X_1+X_2+\cdots+X_i)$$
$$=\Sigma Z_i=\Sigma R_i+\mathrm{j}\Sigma X_i \tag{3-49}$$

（2）*RLC* 并联交流电路　如图 3-17 所示，（a）图为 *RLC* 并联的交流电路，为了进行分析，将其画成相量模型如（b）图。

由基尔霍夫电流定律得到

$$\dot I=\dot I_R+\dot I_L+\dot I_C \tag{3-50}$$

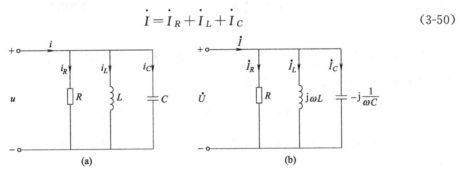

图 3-17　*RLC* 并联交流电路及其相量模型

各支路电流由欧姆定律得到

$$\begin{cases} \dot I_R=\dfrac{\dot U}{R} \\[3mm] \dot I_L=\dfrac{\dot U}{\mathrm{j}X_L}=\dfrac{\dot U}{\mathrm{j}\omega L} \\[3mm] \dot I_C=-\dfrac{\dot U}{\mathrm{j}X_C}=-\dfrac{\dot U}{\mathrm{j}\dfrac{1}{\omega C}} \end{cases} \tag{3-51}$$

联立式（3-50）和式（3-51）便可求得所需要的值。若以电源电压为参考相量，可以作出相量图，如图 3-18 所示。

当电路中存在多个阻抗并联时，如图 3-19（a）所示，并联电路的等效阻抗等于各并联阻抗的倒数之和，如图 3-19（b）所示，*Z* 为电路的等效阻抗。

$$Z=\frac{1}{Z_1}+\frac{1}{Z_2}+\cdots+\frac{1}{Z_i}=\Sigma\frac{1}{Z_i} \tag{3-52}$$

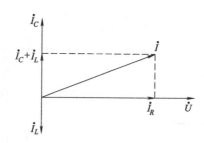

图 3-18　RLC 并联电路相量图

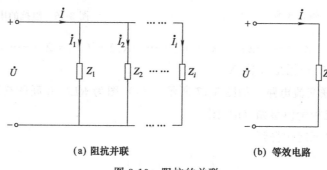

(a) 阻抗并联　　　　　　　　(b) 等效电路

图 3-19　阻抗的并联

　　当并联支路较多时，通过上式计算等效阻抗不方便，可引入导纳，导纳为阻抗的倒数，用 Y 表示。可将式（3-52）写成

$$Y = \frac{1}{Z} = Y_1 + Y_2 + \cdots + Y_i = \sum Y_i \tag{3-53}$$

　　实际电路分析中，会出现阻抗串联、并联的情况，或者是由这两者组合而成的电路结构。

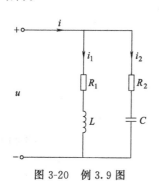

图 3-20　例 3.9 图

【例 3.9】　如图 3-20 所示电路，已知 $R_1 = 10\Omega$，$R_2 = 50\Omega$、$L = 100\text{mH}$、$C = 1000\mu\text{F}$，电源电压 $u = 220\sqrt{2}\sin(314t + 30°)\ \text{V}$，求：①电流 i、i_1、i_2；②画出相量图。

　　解： ① 计算电流 i、i_1、i_2

$$X_L = \omega L = 314 \times 100 \times 10^{-3} = 31.4\Omega$$

$$X_C = \frac{1}{\omega C} = \frac{1}{314 \times 1000 \times 10^{-6}} = 3.19\Omega$$

$$Z_1 = R_1 + jX_L = 10 + j31.4 = 32.94\angle 72.33°\ \Omega$$

$$Z_2 = R_2 - jX_C = 50 - j3.19 = 50.10\angle -3.65°\ \Omega$$

　　式中，Z_1 为 R_1 与 L 串联的等效阻抗，Z_2 为 R_2 与 C 串联的等效阻抗。Z_1 与 Z_2 为并联关系，要求解电流 i，先求出其相量 $\dot{I}$。可以分别求出两条支路电流 $\dot{I}_1$、$\dot{I}_2$，这样利用基尔霍夫电流定律 $\dot{I} = \dot{I}_1 + \dot{I}_2$ 求出；也可以将 Z_1 与 Z_2 并联的等效阻抗 Z 求出，然后再利用欧姆定律 $\dot{I} = \dfrac{\dot{U}}{Z}$ 求出。根据已知条件有 $\dot{U} = 220\angle 30°\ \text{V}$。

$$\dot{I}_1 = \frac{\dot{U}}{Z_1} = \frac{220\angle 30°}{32.94\angle 72.33°} = 6.68\angle -42.33° \text{A}$$

$$\dot{I}_2 = \frac{\dot{U}}{Z_2} = \frac{220\angle 30°}{50.10\angle -3.65°} = 4.39\angle 33.65° \text{A}$$

$$\dot{I} = \dot{I}_1 + \dot{I}_2 = 6.68\angle -42.33° + 4.39\angle 33.65°$$
$$= (4.94 - j4.50) + (3.65 + j2.43)$$
$$= 8.59 - j2.07 = 8.84\angle -13.55° \text{A}$$

写出 i、i_1、i_2 为

$$i = 8.84\sqrt{2}\sin(314t - 13.55°) \text{A}$$

$$i_1 = 6.68\sqrt{2}\sin(314t - 42.33°) \text{A}$$

$$i_2 = 4.39\sqrt{2}\sin(314t + 33.65°) \text{A}$$

（2）画相量图，如图 3-21 所示。

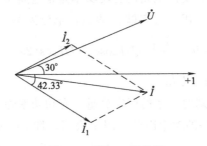

图 3-21　例 3.9 相量图

3.4　正弦交流电路的功率

前面章节中对于特定单一参数的 R、L、C 交流电路的瞬时功率、平均功率、有功功率、无功功率进行了讨论，所以在，对实际电路进行功率分析时还是要从一般性来讨论。

3.4.1　瞬时功率

在如图 3-22 所示的一端口电路中，其内部仅含有电阻、电容和电感等无源元件，电压为 u，电流为 i，取关联参考方向，则输入的瞬时功率 p 为

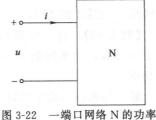

图 3-22　一端口网络 N 的功率

$$p=ui$$

设正弦电压和电流分别为

$$u=\sqrt{2}U\sin(\omega t+\psi_u)$$

$$i=\sqrt{2}I\sin(\omega t+\psi_i)$$

则有

$$\begin{aligned}p=ui&=\sqrt{2}U\sin(\omega t+\psi_u)\times\sqrt{2}I\sin(\omega t+\psi_i)\\&=UI\cos(\psi_u-\psi_i)-UI\cos(2\omega t+\psi_u+\psi_i)\\&=UI\cos\varphi-UI\cos(2\omega t+\psi_u+\psi_i)\end{aligned}\tag{3-54}$$

式（3-54）中 $\varphi=\psi_u-\psi_i$，瞬时功率可以看作一个恒定分量 $UI\cos\varphi$ 和一个 2 倍电源频率的正弦分量

3.4.2 有功功率、无功功率和视在功率

（1）有功功率　瞬时功率的实际意义不大，且不便于测量，通常引用平均功率的概念，平均功率又称有功功率，交流电路的有功功率是指电路实际消耗的功率，它等于瞬时功率在一个周期内的平均值，用大写字母 P 表示，单位为 W。

$$\begin{aligned}P&=\frac{1}{T}\int_0^T p\,\mathrm{d}t=\frac{1}{T}\int_0^T[UI\cos\varphi-UI\cos(2\omega t+\psi_u+\psi_i)]\mathrm{d}t\\&=UI\cos\varphi=UI\lambda\end{aligned}\tag{3-55}$$

上式表示有功功率就是瞬时功率的恒定分量。有功功率除了与电压、电流有关外，还与 $\cos\varphi$ 有关，$\cos\varphi$ 称为电路的功率因数，用 λ 表示，即 $\lambda=\cos\varphi$。而电压与电流的相位差 φ 称为功率因数角，φ 介于 $-90°\sim+90°$ 之间，λ 介于 $0\sim1$ 之间。

（2）无功功率　在工程上还引入了无功功率的概念，它反映了电源和电路之间能量交换的规模。无功功率用 Q 表示，定义

$$Q=UI\sin\varphi\tag{3-56}$$

无功功率单位为 var（乏），当 $\sin\varphi>0$ 时，一端口网络 N“吸收”无功功率；当 $\sin\varphi<0$ 时，一端口网络 N“发出”无功功率。

（3）视在功率　将电压有效值 U 与电流有效值 I 的乘积定义为视在功率，用大写字母 S 表示，即

$$S=UI\tag{3-57}$$

视在功率的单位为 V·A（伏安）。比较式（3-55）、式（3-56）、式（3-57）可以得到

$$S=\sqrt{P^2+Q^2}\tag{3-58}$$

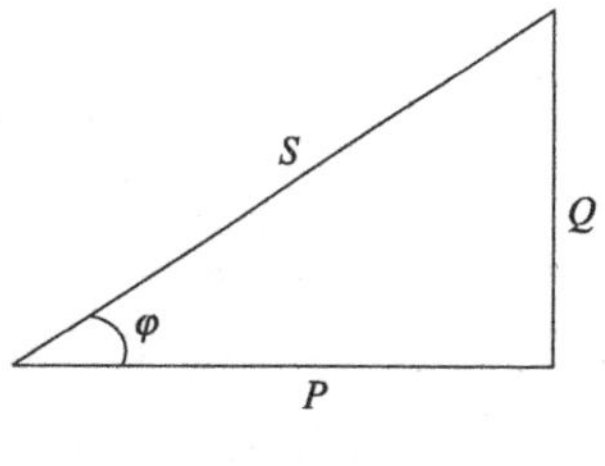

图 3-23　功率三角形

因此 P、Q、S 三者构成一个直角三角形，称之为功率三角形，如图 3-23 所示。

【例 3.10】 有一台笼型电机，额定电压 $U=220$V，功率 $P=3$kW，功率因数 $\lambda=0.8$，求该电机的额定电流、无功功率。

解： 根据已知功率因数 $\lambda=0.8$，知道 $\cos\varphi=0.8$。有功功率表达式为

$$P = UI\cos\varphi$$

所以额定电流为

$$I = \frac{P}{U\cos\varphi} = \frac{3000}{220 \times 0.8} = 17\text{A}$$

无功功率为

$$Q = UI\sin\varphi = UI\sqrt{1 - \cos^2\varphi}$$
$$= 220 \times 17 \times 0.6 = 2244\text{var}$$

3.4.3　功率因数的提高

交流电路中，输送到负载的有功功率为 $P = UI\cos\varphi$，不仅与电压、电流有关，还与负载总的功率因数有关，当电路负载为电阻性时，电压电流才是同相位的，即功率因数为 1，不需要考虑提高功率因数。而对其他负载而言，其功率因数均介于 0 与 1 之间，意味着电源和负载之间能量交换的无功功率不为零。在 U、I 一定的情况下，功率因数越低，无功功率比例越大，对电力系统运行越不利，这体现在以下几个方面。

（1）降低了电源设备容量的利用率　电源设备的额定容量是根据额定电压和额定电流设计的。额定电压和额定电流的乘积就是额定视在功率，代表设备的额定容量。而容量一定的供电设备提供的有功功率为

$$P = S\cos\varphi$$

功率因数越低，P 越小，则设备利用率越低。

（2）增加了输电线路和供电设备的功率损耗　负载电流为

$$I = \frac{P}{U\cos\varphi}$$

在 P、U 一定的情况下，功率因数越低，I 就越大。而线路上的功率损耗为

$$\Delta P = I^2 r = \left(\frac{P}{U\cos\varphi}\right)^2 r = \left(\frac{P^2}{U^2}r\right)\frac{1}{\cos^2\varphi}$$

式中，r 代表传输线路加上电源内阻的总等效电阻。由上式可知，功率损耗与功率因数的平方成反比，即功率因数越低，电路损耗越大，则输电效率就越低。

由于功率因数不高的根本原因是存在电感性负载，如生产中常用的异步电动机，额定负载时功率因数约为 0.6～0.9，轻载时更低；照明用的日光灯功率因数约 0.3～0.5。提高功率因数的途径有两个：一是提高用电设备自身的功率因数；二是采用并联电容进行无功补偿。

在感性负载两端并联适当的电容后，能起到下面几个作用。

① 电源向负载提供的有功功率未变。

② 负载网络（包括并联电容）对电源的功率因数提高了。

③ 线路电流下降了。

④ 电源与负载之间不再进行能量交换。这时感性负载所需的无功功率由电容提供，能量互换完全在电感与电容之间进行。

感性负载串联电容后也可以改变功率因数，但是在功率因数改变的同时，负载上的电

压也发生了改变，会影响负载正常工作。因此，为了提高功率因数，应将适当容量的电容与电感性负载并联而不是串联。

3.5 正弦交流电路中的谐振

在 RLC 组成的正弦交流电路中，当电源频率等于某一特定值时（用角频率 ω_0 或频率 f_0 表示），端口电压与电流的相位相同，电路呈纯电阻性，这种现象称为谐振。接下来分别对串联谐振和并联谐振进行分析。

3.5.1 串联谐振

RLC 串联电路如图 3-24 所示，阻抗 Z 为

$$Z = R + jX = R + j(X_L - X_C) = R + j\left(\omega L - \frac{1}{\omega C}\right)$$

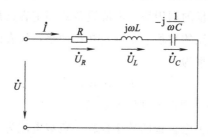

图 3-24 RLC 串联谐振电路

根据谐振条件，当电路发生谐振时，电压与电流同相，电路呈纯电阻性，故有

$$\mathrm{Im}[Z] = 0$$

即

$$X_L = X_C$$

也就是

$$\omega_0 L = \frac{1}{\omega_0 C}$$

得到 RLC 串联电路发生谐振时的角频率 ω_0 和频率 f_0 分别为

$$\omega_0 = \frac{1}{\sqrt{LC}}, f_0 = \frac{1}{2\pi\sqrt{LC}} \tag{3-59}$$

由上式可知，谐振频率是电路的固有频率，是由电路的结构和参数决定的，与电阻 R 无关。通过改变 L、C 可调节电路是否发生谐振。

串联谐振电路的特征如下。

① 电压、电流同相，功率因数为 1。电路阻抗最小（L，C 串联部分相当于短路），当输入电压不变时，此时的电流为最大值。

② 谐振时，感抗等于容抗等于电路的特性阻抗（用 ρ 表示）。

$$\rho = \sqrt{\frac{L}{C}} = \omega_0 L = \frac{1}{\omega_0 C} \tag{3-60}$$

③ 谐振时，电感电压相量与电容电压相量大小相等、方向相反，大小等于电源电压的 Q 倍

$$Q = \frac{\omega_0 L}{R} = \frac{1}{\omega_0 C R} = \frac{\rho}{R} \tag{3-61}$$

Q 称为谐振电路的品质因数，是个无量纲的量，当 Q 很大时，电感电压、电容电压远高于电源电压，因此串联谐振又称为电压谐振。

RLC 串联谐振电路的相量图如图 3-25 所示。

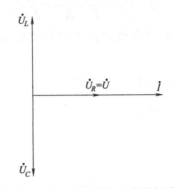

图 3-25　RLC 串联谐振电路的相量图

3.5.2　并联谐振

RLC 并联电路如图 3-26 所示，与串联谐振电路一样，当端口电压相量与端口电流相量同相时，电路的这种工作状态称为并联谐振。

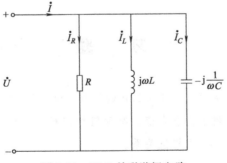

图 3-26　RLC 并联谐振电路

由基尔霍夫电流定律有

$$\dot{I} = \dot{I}_R + \dot{I}_L + \dot{I}_C = \frac{\dot{U}}{R} + \frac{\dot{U}}{\mathrm{j}\omega L} - \frac{\dot{U}}{\mathrm{j}\dfrac{1}{\omega C}} = \dot{U}\left[\frac{1}{R} + \mathrm{j}\left(\omega C - \frac{1}{\omega L}\right)\right]$$

根据谐振的条件，端口电压相量与端口电流相量同相，则上式应满足

$$\omega C - \frac{1}{\omega L} = 0$$

得到 RLC 并联电路发生谐振时的角频率 ω_0 和频率 f_0 分别为

$$\omega_0 = \frac{1}{\sqrt{LC}}, f_0 = \frac{1}{2\pi\sqrt{LC}}$$

与 RLC 串联电路谐振条件一致。

① 并联谐振电路的特征如下。电压、电流同相，功率因数为 1。电路阻抗最大（L、C 并联部分相当于开路），当输入电压不变时，此时，电流为最小值。

② 谐振时，电感电流相量与电容电流相量大小相等、方向相反，大小等于电路总电压的 Q 倍

$$Q = \frac{I_L}{I} = \frac{I_C}{I} = \frac{R}{X_L} = \frac{R}{X_C}$$

当 Q 很大时，电感电流、电容电流远高于电路总电流，因此串联谐振又称为电流谐振。

RLC 并联谐振电路的相量图如图 3-27 所示。

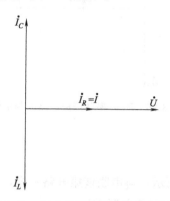

图 3-27　RLC 并联谐振电路的相量图

习　题

3-1　已知两正弦交流电流 $i_1 = 10\sqrt{2}\sin(31.4t - 60°)\text{A}$，$i_2 = 5\sqrt{2}\sin(31.4t + 30°)\text{A}$。试求：(1) 电流 i_1、i_2 的频率、最大值、有效值和初相位；(2) 画出两个电流 i_1、i_2 的波形图；(3) 比较电流 i_1、i_2 的相位关系。

3-2　已知相量 $\dot{I}_1 = 2\sqrt{3} - j\text{A}$，$\dot{I}_2 = 2\sqrt{3} + j\text{A}$，求：(1) $\dot{I}_1$、$\dot{I}_2$ 的极坐标形式；(2) 正弦交流电 i_1、i_2 的表达式（设 $\omega = 314\text{rad/s}$）；(3) 画出 $\dot{I}_1$、$\dot{I}_2$ 的相量图。

3-3　已知 $i_1 = 100\sin(\omega t + 45°)\text{A}$，$i_2 = 60\sin(\omega t - 30°)\text{A}$，求 $i = i_1 + i_2$。

3-4　已知一个电阻元件，$R = 30\Omega$，加上交流电压为 $u = 60\sqrt{2}\sin(314t + 30°)\text{V}$，求通过电阻的电流 i 的瞬时表达式，并画出 u 和 i 的相量图。

3-5　已知通过一个电感的正弦电流 i 的最大值 $I_m = 2\text{A}$，频率为 50Hz，初相位为 $30°$，电感 $L = 50\text{mH}$。试求该电感两端电压 u 的瞬时表达式，并画出 u 和 i 的相量图。

3-6　在一个电路中，一个电容 $C＝0.1\mu F$，加在该电容上的交流电压 u 的频率 $f＝50Hz$，通过电容的电流 $i＝20mA$。试求该电容两端电压 u 的瞬时值表达式，并画出 u 和 i 的相量图（设 u 的初相位等于零）。

3-7　正弦交流电路如题 3-7 图所示。已知 $R＝40\Omega$，$L＝30mH$，$C＝20\mu F$，电源电压 $u＝10\sqrt{2}\sin(1000t)V$，计算（1）$\dot{I}$、$\dot{I}_1$ 和 $\dot{I}_2$；（2）电路的平均功率 P；（3）画出 $\dot{I}$、$\dot{I}_1$、$\dot{I}_2$ 和 $\dot{U}$ 的相量图。

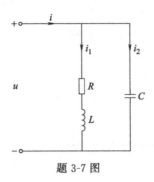

题 3-7 图

3-8　如图 3-12 所示电路，已知 $R＝30\Omega$，$L＝127mH$，$C＝40\mu F$，电源电压 $u＝220\sqrt{2}\sin(314t-53°)V$，试求：（1）感抗 X_L、容抗 X_C 和阻抗 Z；（2）电流 i；（3）计算 u_R、u_L、u_C；（4）画出相量图；（5）有功功率 P、无功功率 Q 和视在功率 S。

3-9　有两个阻抗分别为 $Z_1＝6.16+j9\Omega$，$Z_2＝2.5-j4\Omega$，它们串联接在电压为 $\dot{U}＝220\angle 30°V$ 的电源上，如题 3-9 图所示；求 $\dot{I}$ 和 $\dot{U}_1$、$\dot{U}_2$；并绘出其相量图。

3-10　如题 3-10 图，电压表读数为 220V，电流表读数为 $I_1＝10A$，$I_2＝14.14A$，$R_1＝12\Omega$，$R_2＝X_L$，电源电压 u 与电流 i 同相。求 I、R_2、X_L、X_C。

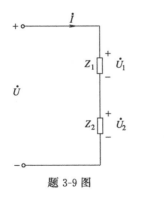

题 3-9 图

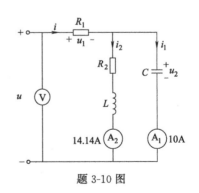

题 3-10 图

3-11　如题 3-11 图，已知 $\dot{U}＝100\angle 0°V$，试求电路中的有功功率 P，无功功率 Q，视在功率 S 及功率因数 $\cos\varphi$。

3-12　有一个感性负载，$P＝10kW$，功率因数 $\cos\varphi_1＝0.6$，接在电压 $U＝220V$，电源频率 $f＝50Hz$ 的电源上。（1）如果将功率因数提高到 $\cos\varphi＝0.95$，试求与负载并联的电容器的电容值和电容并联前后的线路电流；（2）如果将功率因数从 0.95 再提高到 1，试问并联电容器的电容值还需增加多少。

3-13 如题 3-13 图所示，电路中 $U = 220\text{V}$，$C = 1\mu\text{F}$，当电源频率 $\omega_1 = 1000\text{rad/s}$ 时，$U_R = 0$；当电源频率 $\omega_2 = 2000\text{rad/s}$ 时，$U_R = U$，试求电路的参数 L_1 和 L_2。

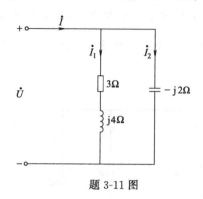

题 3-11 图

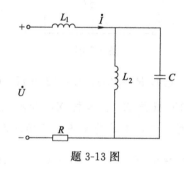

题 3-13 图

第4章

三相交流电路

自从 19 世纪末世界上首次出现三相电路以来，它几乎占据了电力系统的全部领域。目前世界上电力系统所采用的供电方式，绝大多数是属于三相制电路。

三相交流电比单相交流电有很多优越性，在用电方面，三相电动机比单相电动机结构简单，价格便宜，性能好；在送电方面，采用三相制，在相同条件下比单相输电节约输电线用铜量。仔细观察，可以发现马路旁电线杆上的电线共有 4 根，而进入居民家庭的进户线只有两根。这是因为电线杆上架设的是三相交流电的输电线，进入居民家庭的是单相交流电的输电线。实际上单相电源就是取三相电源的一相，因此，三相交流电得到了广泛应用。

4.1 三相电源

4.1.1 三相正弦交流电的产生

三相交流电是由三相交流发电机产生的。图 4-1 是一个三相交流发电机的原理示意图。它主要由两部分组成，里面旋转的部分称为转子，在转子的线圈中通以直流电流，则在空间产生一个按正弦规律分布的磁场。

三相交流发电机中，外面固定不动的部分称为定子，在定子的铁芯槽内分别嵌入三个

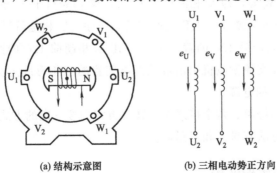

(a) 结构示意图　　　　(b) 三相电动势正方向

图 4-1　三相交流发电机原理

结构完全相同的线圈 U₁-U₂、V₁-V₂、W₁-W₂，它们在空间的位置互差120°，称为三相定子绕组，U₁、V₁、W₁ 称为三个绕组的始端，U₂、V₂、W₂ 称为末端。当发动机拖动转子以角速度 ω 匀速旋转时，三相定子绕组就会切割磁力线而产生感生电动势。由于磁场按正弦规律分布，因此感应出的电动势为正弦电动势，而三相绕组结构相同，切割磁力线的速度相同，位置互差120°，因此三相绕组感应出的电动势幅值相等，频率相同，相位互差120°。这样的三相电动势称为对称三相电动势，如图 4-1（b）所示。并以 e_U 为参考量，则三个电动势的瞬时值表达式为

$$\left.\begin{aligned} e_U &= E_m \sin\omega t \\ e_V &= E_m \sin(\omega t - 120°) \\ e_W &= E_m \sin(\omega t - 240°) = E_m \sin(\omega t + 120°) \end{aligned}\right\} \tag{4-1}$$

上式若用有效值相量表示则为

$$\left.\begin{aligned} \dot{E}_U &= E \angle 0° \\ \dot{E}_V &= E \angle -120° \\ \dot{E}_W &= E \angle 120° \end{aligned}\right\} \tag{4-2}$$

任一瞬时，对称的三相电动势之和为零，即

$$\left.\begin{aligned} e_U + e_V + e_W &= 0 \\ \dot{E}_U + \dot{E}_V + \dot{E}_W &= 0 \end{aligned}\right\} \tag{4-3}$$

波形图、相量图如图 4-2 所示。

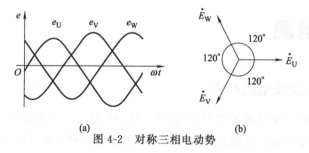

(a)   (b)

图 4-2 对称三相电动势

　　三相电源中三个电动势依次达到最大值（或零值）的先后次序称为三相电源的相序，三相电源相序为 U-V-W-U，即 V 相滞后于 U 相，W 相滞后于 V 相，称之为正序。如果相序为 W-V-U-W，则称为逆序。工程上通用的是正序。U 相是可以任意假定的，但 U 相一经确定，那么比 U 相滞后120°的就是 V 相，比 U 相超前120°的则是 W 相，这是不可混淆的。工业上通常在交流发电机引出线及配电装置的三相母线上涂上黄、绿、红三色，用以表示 U、V、W 三相电源。

　　三相发电机有三相绕组、六个接线端，通常将它们按一定的方式连接成一个整体再向外供电，常用的连接方法有星形和三角形。

4.1.2　三相电源的星形连接

　　若将三相绕组的末端 U₂、V₂、W₂ 连接在一起，这种连接方法称为星形连接，记作

Y 连接。星形连接中，三相绕组的末端 U_2、V_2、W_2 的连接点称为中点（或零点），用 N 表示。这样可从三个绕组的始端和中点分别引出一根导线，从中点引出的线称为中性线或零线，也用 N 表示；从绕组始端 U_1、V_1、W_1 引出的称为相线或端线，俗称火线，用 U、V、W 表示。共有三相对称电源、四根引出线，因此这种含有中线的电源连接方式在习惯上称之为三相四线制，如图 4-3 所示。通常在实验中用 Y0 表示三相四线制，用 Y 表示不含中线的星形连接方式（或称三相三线制）。

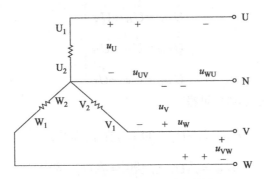

图 4-3　三相电源的星形电源图

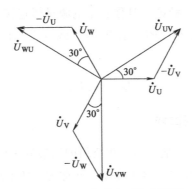

图 4-4　相电压与线电压的相量图

每相绕组始端和末端间的电压，亦即相线与中线间的电压，称为相电压，其有效值用 U_U、U_V、U_W 或一般用 U_P 表示，其参考方向选定为由绕组始端指向中点。例如，相电压 u_U 是由始端 U_1 指向中点 N。由于三相电动势对称，三相绕组的内阻抗一般都很小，因而 3 个相电压也可以认为是对称的。即三个相电压频率相同，有效值相等，相位依次互差 120°。设 $\dot{U}_U = U_P \angle 0°$，则

$$\left.\begin{array}{l} \dot{U}_U = U_P \angle 0° \\ \dot{U}_V = U_P \angle -120° \\ \dot{U}_W = U_P \angle 120° \end{array}\right\} \tag{4-4}$$

任意两始端间的电压，亦即两相线间的电压，称为线电压，其有效值分别用 U_{UV}、U_{VW}、U_{WU} 或一般用 U_L 表示，例如：U_{UV} 的参考方向是由始端 U_1 指向始端 V_1。

三相电源作星形连接时，相电压显然不等于线电压。在图 4-3 中，U_1、V_1 两点间电

压的瞬时值等于 U 相和 V 相的相电压之差，如图 4-4 所示，即

$$
\left.\begin{array}{l}
u_{UV}=u_U-u_V \\
u_{VW}=u_V-u_W \\
u_{WU}=u_W-u_U
\end{array}\right\} \tag{4-5}
$$

因为它们是同频率的正弦量，可以用相量式表示，即

$$
\left.\begin{array}{l}
\dot{U}_{UV}=\dot{U}_U-\dot{U}_V \\
\dot{U}_{VW}=\dot{U}_V-\dot{U}_W \\
\dot{U}_{WU}=\dot{U}_W-\dot{U}_U
\end{array}\right\} \tag{4-6}
$$

将式（4-3）代入式（4-5）可得

$$
\left.\begin{array}{l}
\dot{U}_{UV}=\sqrt{3}U_P\angle 30°=\sqrt{3}\dot{U}_U\angle 30° \text{V} \\
\dot{U}_{VW}=\sqrt{3}U_P\angle-90°=\sqrt{3}\dot{U}_V\angle 30° \text{V} \\
\dot{U}_{WU}=\sqrt{3}U_P\angle 150°=\sqrt{3}\dot{U}_W\angle 30° \text{V}
\end{array}\right\} \tag{4-7}
$$

由公式（4-6）可得出以下结论，对称三相电源星形连接时，3 个线电压也是对称的。在相位上，线电压分别超前于相应的相电压 30°。线电压的有效值 U_L 为相电压有效值 U_P 的 $\sqrt{3}$ 倍，即

$$
U_L=\sqrt{3}U_P \tag{4-8}
$$

4.1.3 三相电源的三角形连接

将三相电源中一相绕组的末端与另一相绕组的始端依次相连（连成一个三角形）再从始端 U_1、V_1、W_1 分别引出相线，这种连接方式称为三角形连接，如图 4-5 所示。

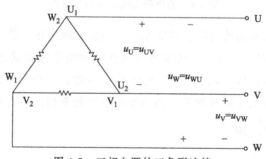

图 4-5　三相电源的三角形连接

由图可知

$$
\left.\begin{array}{l}
u_{UV}=u_U \\
u_{VW}=u_V \\
u_{WU}=u_W
\end{array}\right\} \tag{4-9}
$$

所以，三相电源作三角形连接时，电路中线电压与相电压相等，即 $u_L=u_P$。相量图

如图 4-6 所示。

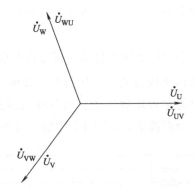

图 4-6　三相电源三角形连接的电压相量图

由相量图可以看出，三个线电压之和为零，即

$$\dot{U}_{UV} + \dot{U}_{VW} + \dot{U}_{WU} = 0 \tag{4-10}$$

同理可得，在电源上的三相绕组内部三个电动势的相量和也为零，即

$$\dot{E}_{UV} + \dot{E}_{VW} + \dot{E}_{WU} = 0 \tag{4-11}$$

因此当电源的三相绕组采用三角形连接时，在绕组内部是不会产生环路电流的。

4.2　三相交流电路的分析

4.2.1　负载的连接

从发电厂发出的电都是三相交流电。发电厂送至用户末端变压器的同样也是三相交流电，末端变压器输送至千家万户的就是三相交流电。而以户端使用的用电设备不同，又分为单相负载和三相负载。我们日常生活中所使用的普通电器几乎都是单相负载，如：电视机、洗衣机、电饭煲、空调、冰箱、电脑等。而工厂、企业、建筑施工现场等使用的多为三相负载。

单相负载：概括来说，就是采用一根相线（俗称"火线"）外加一根工作零线（俗称"零线"）一起给用电器提供电源做功，此设备就称为单相负载。

三相负载：概括来说，就是采用三根相线给用电设备提供电源，使其做功，此设备就叫三相负载。在三相负载中又可以细分为三相平衡负载和三相不平衡负载，它们的区别为：三相平衡负载其各相的电流均比较近似；而三相不平衡负载反映了各相电流差别很大，电流过高的相线容易发热起火，从而引发电气火灾。

为了使三相电源供电均衡，大量单相负载实际上要大致平均地分配到三相电源的 3 个相上，对三相电源来讲，这些单相负载的总体构成了一个三相负载。由于 3 个相的阻抗一般不可能相等，故称为不对称三相负载。将负载接入电源时应遵循两个原则：加在负载上的电压须等于负载的额定电压；应使三相电源的各相负荷尽可能均衡、对称。

三相负载的基本连接方式有星形和三角形两种。无论采用哪种连接方式，均有两种电压，即相电压和线电压存在。每相负载两端的电压称为负载的相电压；每两相负载之间的电压称为负载的线电压；每相负载中通过的电流称为负载的相电流；负载从输电线上取用的电流称为负载的线电流。

三相对称负载的 3 组阻抗本身应该采用什么连接方式要根据电源线电压的大小及每相负载额定电压值来确定。当每相负载的额定电压为电源线电压的 $1/\sqrt{3}$ 时，负载三相阻抗应采用星形接法，如图 4-7 中的星形连接所示。当每相负载的额定电压等于电源线电压时，负载的三相阻抗应采用三角形接法，如图 4-7 中的三角形接法所示。

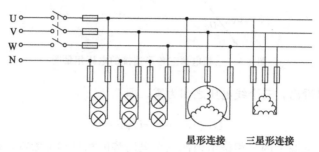

星形连接　　三星形连接

图 4-7　负载的连接

4.2.2　负载星形连接的三相电路

如图 4-8 所示为负载星形连接的三相四线制电路，其接线原则与三相电源的星形连接相似，也就是把每相负载的末端连成中点 N，始端和中点分别接到三相四线制电源上。

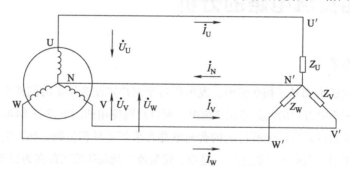

图 4-8　负载星形连接的三相四线制电路

三相电路中的电流也有相电流和线电流之分，分别用 i_p 和 i_l 表示。在负载作星形连接时，显然，相电流即为线电流，即 $i_p=i_l$，流过中线的电流称为中线电流，用 i_N 表示。图 4-8 中每相负载的阻抗分别为 Z_U、Z_V 和 Z_W。对三相电路而言，每一相都可以看成一个单相电路，用讨论单相电路的方法来进行分析计算。

以在 U 相接一电感性负载 $Z_U=R_U+jX_U=|Z_U|\angle\varphi_U$ 为例。

如图 4-8 所示，负载的相电压等于电源的相电压。因此，设电源的 U 相电压为参考量，即 $\dot{U}_U=U_p\angle 0°$，于是可求出

$$\dot{I}_U=\frac{\dot{U}_U}{Z_U}=\frac{U_p\angle 0°}{|Z_U|\angle\varphi_U}=\frac{U_p}{|Z_U|}\angle-\varphi_U \tag{4-12}$$

式中，U 相电流的有效值为

$$I_U = \frac{U_p}{|Z_U|}$$

U 相电压与电流之间的相位差为

$$\varphi_U = \arctan \frac{X_U}{R_U}$$

V 相和 W 相同理可得

$$\left.\begin{array}{l} \dot{I}_V = \dfrac{\dot{U}_V}{Z_V} = \dfrac{U_p \angle -120°}{|Z_V| \angle \varphi_V} = \dfrac{U_p}{|Z_V|} \angle (-120° - \varphi_V) \\[4mm] \dot{I}_W = \dfrac{\dot{U}_W}{Z_W} = \dfrac{U_p \angle -120°}{|Z_W| \angle \varphi_W} = \dfrac{U_p}{|Z_W|} \angle (-120° - \varphi_W) \end{array}\right\} \tag{4-13}$$

式中，V 相和 W 相电流的有效值分别为

$$I_V = \frac{U_p}{|Z_V|},\ I_W = \frac{U_p}{|Z_W|}$$

V 相相电压与电流之间的相位差为

$$\varphi_V = \arctan \frac{X_V}{R_V}$$

W 相相电压与电流之间的相位差为

$$\varphi_W = \arctan \frac{X_W}{R_W}$$

对中点 N 列 KCL 方程，可得中性线电流为

$$\dot{I}_N = \dot{I}_U + \dot{I}_V + \dot{I}_W \tag{4-14}$$

三相负载星形连接时电压和电流的相量图如图 4-9 所示。做相量图时，先画出作为参考相量的电源相电压 $\dot{U}_U$、$\dot{U}_V$、$\dot{U}_W$ 的相量，再画出各相电流 $\dot{I}_U$、$\dot{I}_V$、$\dot{I}_W$ 的相量。

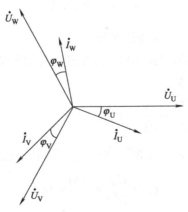

图 4-9　三相负载星形连接时电压和电流的相量图

(1) 对称负载的星形连接电路　所谓负载对称，就是指各相负载完全相同，即

$$Z_U = Z_V = Z_W = Z = |Z| \angle \varphi_Z$$

或阻抗和阻抗角相等，即

$$|Z_U|=|Z_V|=|Z_W|=|Z| \text{ 和 } \varphi_U=\varphi_V=\varphi_W=\varphi_Z$$

因为每相负载的相电压和负载都对称，所以负载相电流也是对称的，即

$$I_U=I_V=I_W=I_P=\frac{U_P}{|Z|}, \varphi_U=\varphi_V=\varphi_W=\varphi_Z=\arctan\frac{X}{R}$$

因此，这时中线电流为零，即

$$\dot{I}_N=\dot{I}_U+\dot{I}_V+\dot{I}_W=0$$

中线中既然没有电流通过，那么中线就不需要了，此时若去掉中线，则三相四线制即成为三相三线制。

计算负载对称的三相电路，只需计算一相即可，因为对称负载的电压和电流也都是对称的，即大小相等，相位互差120°。

下面总结一下三相对称负载星形连接电路的计算方法。

① 由于三相电路对称，因此各相负载的端电压和电流也是对称的，三相电路的计算可归结为一相进行。

② 根据电路给定条件确定参考相量，一般选 U 相电压。

③ 应用单相电路的分析方法求出 U 相电路的待求量。

④ 在一相电路计算中，中线阻抗不起作用，N 和 N′之间等电位，用一根短接线连接，如图 4-10 单相电路所示。

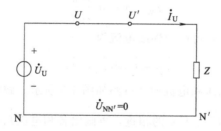

图 4-10　单相电路

⑤ 根据对称关系写出其它两相的待求量。

【例 4.1】　有一星形连接的三相对称感性负载，每相负载的阻抗为 $Z=3+j4$，电源线电压为 380V。求各相负载电流。

解：依题意　　$$U_P=\frac{U_L}{\sqrt{3}}=\frac{380}{\sqrt{3}}=220V$$

$$|Z|=\sqrt{R^2+X^2}=\sqrt{3^2+4^2}=5\Omega$$

所以　　　　　　　$$I_P=\frac{U_P}{|Z|}=\frac{220}{5}=44A$$

因为是电感性负载，所以各相电压超前相应的相电流的相位差为

$$\varphi=\arctan\frac{X}{R}=\arctan\frac{4}{3}=53°$$

设 U 相相电压为参考量，为 $\dot{U}_U=220\angle0°V$，则

$$\dot{I}_U = 44\angle{-53°}A$$

由于每相负载对称，则每相负载相电压也对称，每相负载电流也对称，则

$$\dot{I}_V = 44\angle{-173°}A, \dot{I}_W = 44\angle{-67°}A$$

（2）不对称负载星形连接的三相电路　当不对称负载作星形连接时，由于各相负载的阻抗不相同，负载的 3 个相电流 $\dot{I}_U$、$\dot{I}_V$ 和 $\dot{I}_W$ 不对称，中性线中的电流 $\dot{I}_N$ 不等于零，中性线是不允许去掉的。

如果不对称负载作星形连接，且中性线断开时，其电路如图 4-11 所示。

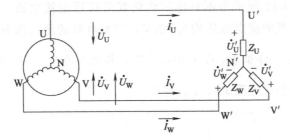

图 4-11　不对称负载的星形连接

利用节点电位法可得到负载公共连接点 N′ 与电源中性点 N 之间的电压为

$$\dot{U}_{N'N} = \frac{\dfrac{\dot{U}_U}{Z_U} + \dfrac{\dot{U}_V}{Z_V} + \dfrac{\dot{U}_W}{Z_W}}{\dfrac{1}{Z_U} + \dfrac{1}{Z_V} + \dfrac{1}{Z_W}} \tag{4-15}$$

根据 KVL，得到各相负载的相电压

$$\left.\begin{aligned}\dot{U}_{U'} &= \dot{U}_U - \dot{U}_{N'N} \\ \dot{U}_{V'} &= \dot{U}_V - \dot{U}_{N'N} \\ \dot{U}_{W'} &= \dot{U}_W - \dot{U}_{N'N}\end{aligned}\right\} \tag{4-16}$$

式中，$\dot{U}_U$、$\dot{U}_V$ 和 $\dot{U}_W$ 是电源的 3 个相电压，是一组对称电压。可见，负载的 3 个相电压 $\dot{U}_{U'}$、$\dot{U}_{V'}$ 和 $\dot{U}_{W'}$ 是不对称的。负载相电压的有效值不等于电源相电压的有效值。虽然所用负载的额定电压与所选用电源的相电压相等，但没有中性线时，实际加压负载上的相电压并不等于其额定电压。如果负载承受的电压偏离其额定电压太多，便不能正常工作，严重时甚至会损坏设备。

显然，三相电路不对称且无中性线时中点电压不再为零。若中点电压较大时，将造成有的负载相电压过低不能正常工作，有的负载相电压过高甚至烧损电器，各相负载由于端电压不平衡均不能正常工作。

如果三相照明电路的中断因故断开，且 U 相灯负载又全部开路，此时 V、W 两相构成串联，其端电压为电源线电压 380V。若 V、W 相对称，各相端电压为 190V，均低于额定值 220V 而不能正常工作；若 V、W 相不对称，则负载大（电阻小）的一相由于分压

小而不能正常发光，负载小（电阻大）的一相由于分压大则易烧损。

如果中线断开，且 U 相又发生短路，此时 V、W 两相都会与短接线构成通路，因此这两相的端电压均为线电压 380V，这种情况下 V、W 两相将因过电压而烧损。

由前面分析可知，中线的作用在于：使星形连接的不对称负载得到相等的相电压。对于像照明电路这类三相不对称电路而言，实际应用中各相负载不能保证完全对称，所以必须采用三相四线制供电，而且必须保证中线（零线）可靠。

因此，为确保中线（零线）在运行中安全可靠不断开，中线上一定不允许接保险丝和开关。

【例 4.2】 如图 4-12 所示为不对称三相负载的星形连接电路，已知电源线电压为 380V，图中每一相负载的额定电压均为 220V，三相负载的阻抗值分别为 $Z_U = 3 + j2\Omega$，$Z_V = 4 + j4\Omega$，$Z_W = 2 + j\Omega$ 试求：①有中性线时，各相电流 $\dot{I}_U$、$\dot{I}_V$ 和 $\dot{I}_W$ 及中性线电流 $\dot{I}_N$；②无中性线时的各相电流 $\dot{I}_U$、$\dot{I}_V$ 和 $\dot{I}_W$。

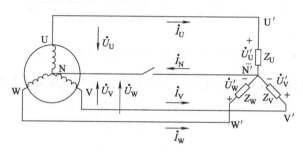

图 4-12　例 4.2 图

解：①由于三相电源采用星形接法，电源线电压为 380V，则电源相电压为 220V。设 $\dot{U}_U$ 为参考向量，则电源的 3 个相电压分别为

$$\dot{U}_U = 220\angle 0° \text{V}$$

$$\dot{U}_V = 220\angle -120° \text{V}$$

$$\dot{U}_W = 220\angle 120° \text{V}$$

由图 4-12 可知，各负载的相电压分别等于各电源的相电压，各负载的相电压分别为：

$$\dot{U}_{U'} = \dot{U}_U = 220\angle 0° \text{V}$$

$$\dot{U}_{V'} = \dot{U}_V = 220\angle -120° \text{V}$$

$$\dot{U}_{W'} = \dot{U}_W = 220\angle 120° \text{V}$$

则各负载的相电流分别为

$$\dot{I}_U = \frac{220\angle 0°}{3 + j2} \approx \frac{220\angle 0°}{3.61\angle 33.7°} \approx 61\angle -33.7° \text{A}$$

$$\dot{I}_V = \frac{220\angle -120°}{4 + j4} \approx \frac{220\angle -120°}{5.66\angle 45°} \approx 38.9\angle -165° \text{A}$$

$$\dot{I}_W = \frac{220\angle120°}{2+j} \approx \frac{220\angle120°}{2.236\angle26.6°} \approx 98.4\angle93.4° A$$

中性线电流为

$$\dot{I}_N = \dot{I}_U + \dot{I}_V + \dot{I}_W = 61\angle-33.7° + 38.9\angle-165° + 98.4\angle93.4°$$
$$= 54.82\angle82.3° A$$

② 当没有中性线时，负载公共连接点 N′ 与电源中性点 N 之间的电压 $\dot{U}_{N'N}$ 为

$$\dot{U}_{N'N} = \frac{\dfrac{\dot{U}_U}{\dot{Z}_U} + \dfrac{\dot{U}_V}{\dot{Z}_V} + \dfrac{\dot{U}_W}{\dot{Z}_W}}{\dfrac{1}{\dot{Z}_U} + \dfrac{1}{\dot{Z}_V} + \dfrac{1}{\dot{Z}_W}}$$

$$\approx 61.3\angle115° V$$

$$\dot{U}_{U'} = \dot{U}_U - \dot{U}_{N'N} \approx 253\angle-13° V$$

$$\dot{U}_{V'} = \dot{U}_V - \dot{U}_{N'N} \approx 260\angle-109° V$$

$$\dot{U}_{W'} = \dot{U}_W - \dot{U}_{N'N} \approx 159\angle122° V$$

$$\dot{I}_U = \frac{253\angle-13°}{3.61\angle33.7°} \approx 70.1\angle-46.7° A$$

$$\dot{I}_V = \frac{260\angle-109°}{5.66\angle45°} \approx 46\angle-154° A$$

$$\dot{I}_W = \frac{159\angle122°}{2.236\angle26.6°} \approx 71.1\angle95.4° A$$

这种情况下，负载中性点漂移，各相电压不对称，负载中通过的电流也不对称，互相牵制、相互影响。

4.2.3 负载三角形连接的三相电路

把三相负载连成三角形，并与三相电源的相线直接相连，就构成了三相负载的三角形连接，记作△连接，如图 4-13 所示。图中每相负载的复阻抗分别为 Z_{UV}、Z_{VW} 和 Z_{WU}。

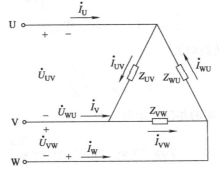

图 4-13 三相负载的三角形连接

由图 4-13 可知，每相负载都直接接在三相电源的线电压上，每相负载的相电压都与相对应的电源线电压相等，即 $u_P = u_L$；此时相电流和线电流显然不同。因此，无论三相负载是否对称，其相电压总是对称的。

设参考向量 $\dot{U}_{UV} = U_{UV} \angle 0°$，各相负载的相电流分别为

$$\left.\begin{array}{l}\dot{I}_{UV} = \dfrac{\dot{U}_{UV}}{Z_{UV}} = \dfrac{U_L \angle 0°}{|Z_{UV}| \angle \varphi_{UV}} = \dfrac{U_P \angle 0°}{|Z_{UV}| \angle \varphi_{UV}} = I_{UV} \angle \varphi_{UV} \\[3mm] \dot{I}_{VW} = \dfrac{\dot{U}_{VW}}{Z_{VW}} = \dfrac{U_L \angle -120°}{|Z_{VW}| \angle \varphi_{VW}} = \dfrac{U_P \angle -120°}{|Z_{VW}| \angle \varphi_{VW}} = I_{VW} \angle -120° - \varphi_{VW} \\[3mm] \dot{I}_{WU} = \dfrac{\dot{U}_{WU}}{Z_{WU}} = \dfrac{U_L \angle 120°}{|Z_{WU}| \angle \varphi_{WU}} = \dfrac{U_P \angle 120°}{|Z_{WU}| \angle \varphi_{WU}} = I_{WU} \angle 120° - \varphi_{WU}\end{array}\right\} \quad (4\text{-}17)$$

式中，3 个相电流的有效值分别为

$$I_{UV} = \frac{U_P}{|Z_{UV}|}, I_{VW} = \frac{U_P}{|Z_{VW}|}, I_{WU} = \frac{U_P}{|Z_{WU}|}$$

3 相负载电压与电流之间的相位差分别为

$$\varphi_{UV} = \arctan \frac{X_{UV}}{R_{UV}}, \varphi_{VW} = \arctan \frac{X_{VW}}{R_{VW}}, \varphi_{WU} = \arctan \frac{X_{WU}}{R_{WU}}$$

负载的线电流可应用 KCL 列出下列各式进行计算

$$\left.\begin{array}{l}\dot{I}_U = \dot{I}_{UV} - \dot{I}_{WU} \\[2mm] \dot{I}_V = \dot{I}_{VW} - \dot{I}_{UV} \\[2mm] \dot{I}_W = \dot{I}_{WU} - \dot{I}_{VW}\end{array}\right\} \quad (4\text{-}18)$$

下面讨论三角形连接时三相负载对称的情况，三相负载对称，即 $Z_{UV} = Z_{VW} = Z_{WU} = |Z| \angle \varphi$，由式（4-17）可知，负载相电流 $\dot{I}_{UV}$、$\dot{I}_{VW}$ 和 $\dot{I}_{WU}$ 也对称，它们大小相等，相位依次互差 120°，即

$$\left.\begin{array}{l}\dot{I}_{UV} = I_P \angle -\varphi_Z \\[2mm] \dot{I}_{VW} = I_P \angle -120° - \varphi_Z \\[2mm] \dot{I}_{WU} = I_P \angle 120° - \varphi_Z\end{array}\right\} \quad (4\text{-}19)$$

式中，负载相电流有效值均为

$$I_P = \frac{U_1}{|Z|} = \frac{U_p}{|Z|}$$

3 个负载电压与电流之间的相位差均为

$$\varphi_{UV} = \varphi_{VW} = \varphi_{WU} = \varphi_Z = \arctan \frac{X_Z}{R_Z}$$

将式（4-19）代入式（4-18），得到各线电流

$$\left.\begin{array}{l} \dot{I}_{U}=\sqrt{3}\,I_{P}\angle-\varphi-30^{\circ} \\[2mm] \dot{I}_{V}=\sqrt{3}\,I_{P}\angle-\varphi-150^{\circ} \\[2mm] \dot{I}_{W}=\sqrt{3}\,I_{P}\angle-\varphi+90^{\circ} \end{array}\right\} \qquad (4\text{-}20)$$

　　显然，线电流也是对称的，在相位上线电流比相应的相电流滞后 30°，且线电流有效值是相电流有效值的 $\sqrt{3}$ 倍，即 $I_{L}=\sqrt{3}\,I_{P}$。下面作出负载对称时线电流和相电流的相量关系，如图 4-14 所示。

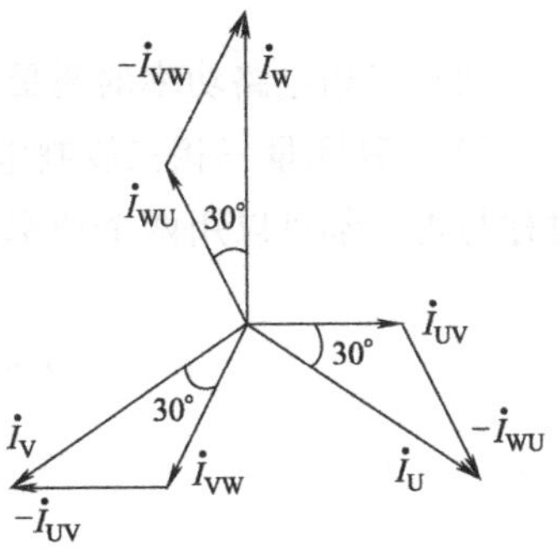

图 4-14　对称负载三角形连接时线电流和相电流的相量关系

　　【例 4.3】　在图 4-13 所示三相电路中，对称电源的线电压 $U_{L}=100\sqrt{3}\ \text{V}$，每相负载阻抗均为 $Z=10\angle60^{\circ}\ \Omega$，求各相负载的相电流和电路的线电流。

　　解：当负载为三角形连接时，负载相电压等于电源线电压，设 $\dot{U}_{UV}=100\sqrt{3}\angle0^{\circ}\ \text{V}$，相电流为

$$\dot{I}_{UV}=\frac{\dot{U}_{UV}}{Z}=\frac{100\sqrt{3}\angle0^{\circ}}{10\angle60^{\circ}}=10\sqrt{3}\angle-60^{\circ}\ \text{A}$$

$$\dot{I}_{VW}=\frac{\dot{U}_{VW}}{Z}=\frac{100\sqrt{3}\angle-120^{\circ}}{10\angle60^{\circ}}=10\sqrt{3}\angle-180^{\circ}\ \text{A}$$

$$\dot{I}_{WU}=\frac{\dot{U}_{WU}}{Z}=\frac{100\sqrt{3}\angle120^{\circ}}{10\angle60^{\circ}}=10\sqrt{3}\angle60^{\circ}\ \text{A}$$

线电流为

$$\dot{I}_{U}=\sqrt{3}\,\dot{I}_{UV}\angle-30^{\circ}=30\angle-90^{\circ}\ \text{A}$$

$$\dot{I}_{V}=\sqrt{3}\,\dot{I}_{VW}\angle-30^{\circ}=30\angle-210^{\circ}=30\angle150^{\circ}\ \text{A}$$

$$\dot{I}_{W}=\sqrt{3}\,\dot{I}_{WU}\angle-30^{\circ}=30\angle30^{\circ}\ \text{A}$$

4.3　三相电路的功率

4.3.1　一般三相电路的功率

　　(1) 一般三相电路的功率计算方法　无论负载是星形连接还是三角形连接，三相电路总的有功功率都应为各相负载有功功率之和，即

$$\begin{aligned} P&=P_{U}+P_{V}+P_{W} \\ &=U_{U}I_{U}\cos\varphi_{U}+U_{V}I_{V}\cos\varphi_{V}+U_{W}I_{W}\cos\varphi_{W} \end{aligned} \qquad (4\text{-}21)$$

　　式中，U_{U}、U_{V} 和 U_{W} 分别为三相负载的相电压；I_{U}、I_{V} 和 I_{W} 分别为三相负载的相电流；φ_{U}、φ_{V} 和 φ_{W} 分别为三相负载的阻抗角，即相电压与相电流之间的相位差。

　　无功功率有电感性和电容性之分。在电感性电路中，Q_{L} 为正值；在电容性电路中，

Q_C 为负值，无功功率是个代数量，因此，三相电路的无功功率应等于各相负载无功功率的代数和，即

$$Q = Q_U + Q_V + Q_W$$
$$= U_U I_U \sin\varphi_U + U_V I_V \sin\varphi_V + U_W I_W \sin\varphi_W \tag{4-22}$$

三相电路的视在功率为

$$S = \sqrt{P^2 + Q^2} \tag{4-23}$$

（2）三相电路功率的测量

① 一种测量三相三线制电路功率的方法——二表法，如图 4-15 所示。无论三相负载对称与否，都可以用两个功率表来测量三相功率。

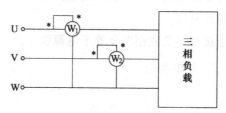

图 4-15　二表法测三相负载

显然，二表法中功率表的接线只触及端线，与负载和电源的连接方式无关。将两个功率表的电流线圈分别串入任意两端线中（如 U、V 线），电压线圈的非电源端（无 * 端）共同接到第三条端线上（W 线）。两个功率表读数的代数和等于待测的三相功率。现推导如下。

$$\left. \begin{array}{l} P_1 = \mathrm{Re}[\dot{U}_{UW} \dot{I}_U^*] \\ P_2 = \mathrm{Re}[\dot{U}_{VW} \dot{I}_V^*] \end{array} \right\} \tag{4-24}$$

$$P_1 + P_2 = \mathrm{Re}[\dot{U}_{UW} \dot{I}_U^*] + \mathrm{Re}[\dot{U}_{VW} \dot{I}_V^*] = \mathrm{Re}[\dot{U}_{UW} \dot{I}_U^* + \dot{U}_{VW} \dot{I}_V^*] \tag{4-25}$$

又因为

$$\dot{U}_{UW} = \dot{U}_U - \dot{U}_W, \dot{U}_{VW} = \dot{U}_V - \dot{U}_W, \dot{I}_U^* + \dot{I}_V^* = -\dot{I}_W^*$$

故有

$$P_1 + P_2 = \mathrm{Re}[(\dot{U}_U - \dot{U}_W)\dot{I}_U^* + (\dot{U}_V - \dot{U}_W)\dot{I}_V^*]$$

$$= \mathrm{Re}[\dot{U}_U \dot{I}_U^* + \dot{U}_V \dot{I}_V^* + \dot{U}_W(-\dot{I}_U^* - \dot{I}_V^*)]$$

$$= \mathrm{Re}[\dot{U}_U \dot{I}_U^* + \dot{U}_V \dot{I}_V^* + \dot{U}_W \dot{I}_W^*]$$

$$= \mathrm{Re}[\overline{S}_U + \overline{S}_V + \overline{S}_W] = \mathrm{Re}[\overline{S}] \tag{4-26}$$

② 一般对于三相四线制电路，三相功率的测量采用的是三表法，如图 4-16 所示。三相四线制电路中不能用 2 瓦特表测量三相功率的原因是 $\dot{I}_U + \dot{I}_V + \dot{I}_W \neq 0$。

由上图可得

$$P = U_{UN} I_U + U_{VN} I_V + U_{WN} I_W \tag{4-27}$$

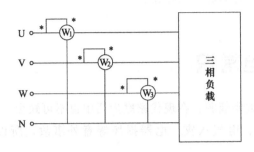

图 4-16　三相四线制电路三表法测量功率

4.3.2　对称三相电路的功率

当负载对称时，每相功率是相等的。因此三相总功率是单相功率的 3 倍。三相有功功率为

$$P = 3P_P = 3U_P I_P \cos\varphi_P \tag{4-28}$$

式中，φ_P 是相电压 U_P 和相电流 I_P 之间的相位差。

星形连接时，$U_L = \sqrt{3} U_P$，$I_L = I_P$；三角形连接时，$U_L = U_P$，$I_L = \sqrt{3} I_P$，所以

$$P = 3U_P I_P \cos\varphi_P = \sqrt{3} U_L I_L \cos\varphi_P \tag{4-29}$$

同理可得三相无功功率和视在功率分别为

$$Q = 3U_P I_P \sin\varphi_P = \sqrt{3} U_L I_L \sin\varphi_P \tag{4-30}$$

$$S = 3U_P I_P = \sqrt{3} U_L I_L \tag{4-31}$$

【例 4.4】　已知三相对称负载，每相负载的阻抗为 $Z = 6 + j8\Omega$，三相电源的线电压为 380V，试分别计算负载为星形和三角形连接时，总的有功功率 P。

解： 负载为星形连接时，因为

$$U_L = 380\text{V}, \text{所以} U_P = \frac{U_L}{\sqrt{3}} = \frac{380}{\sqrt{3}} = 220\text{V}$$

$$|Z| = \sqrt{R^2 + X^2} = \sqrt{6^2 + 8^2}\ \Omega = 10\Omega, \cos\varphi_P = \frac{R}{|Z|} = 0.6$$

$$I_L = I_P = \frac{U_P}{|Z|} = \frac{220}{10} = 22\text{A}$$

$$P_Y = \sqrt{3} U_L I_L \cos\varphi_P = \sqrt{3} \times 380 \times 22 \times 0.6 = 8688\text{W}$$

负载为三角形连接时，因为 $U_P = U_L = 380\text{V}$，$I_P = \frac{U_P}{|Z|} = \frac{380}{10} = 38\text{A}$，所以

$$I_L = \sqrt{3} I_P = 38\sqrt{3}\ \text{A}$$

$$P_\triangle = \sqrt{3} U_L I_L \cos\varphi_P = \sqrt{3} \times 380 \times 38\sqrt{3} \times 0.6 = 25992\text{W}$$

显然 $P_\triangle = 3P_Y$

上式说明电源线电压不变时，负载为三角形连接时所吸收的功率是星形连接时的 3 倍，这是因为负载为三角形连接时承受的电压和电流均为星形连接时的 $\sqrt{3}$ 倍。

无功功率和视在功率也有相同的结论。

4.4　安全用电常识

电力是国民经济的重要能源，在现代家庭生活中也不可缺少。但是不懂得安全用电知识就容易造成触电伤害、电气火灾、电器损坏等意外事故，所以，"安全用电，性命攸关"。

4.4.1　触电的危害

触电是指电流通过人体而引起的病理、生理效应，触电分为电伤和电击两种伤害形式。

电击是指电流通过人体时，使内部组织受到较为严重的损伤。电击伤会使人体感觉全身发热、发麻，肌肉发生不由自主地抽搐，逐渐失去知觉，如果电流继续通过人体，将使触电者的心脏、呼吸机能和神经系统受损伤，直到停止呼吸，心脏活动停止，即死亡。

电伤是指电流对人体外部造成的局部损伤。电伤从外观看一般有电弧烧伤、电的熔印和熔化的金属渗入皮肤（称为皮肤金属化）等伤害。总之，当人触电后，由于电流通过人体和发生电弧，往往使人体烧伤，严重时造成死亡。

行业规定安全电压为36V，安全电流为10mA，电击对人体的危害程度，主要取决于通过人体电流的大小和通电时间长短。电流强度越大，致命危险越大；持续时间越长，死亡的可能性越大。能引起人体感觉到的最小电流称为感知电流，交流电为1mA，直流电为5mA；人体触电后能自己摆脱的最大电流称为摆脱电流，交流电为10mA，直流电为50mA；在较短时间内危及生命的电流称为致命电流，如100mA的电流通过人体1s，足可以使人致命，因此致命电流为50mA。在有防止触电保护装置的情况下，人体允许通过的电流一般可按30mA考虑。

4.4.2　触电方式

按照人体触及带电体的方式和电流流过人体的途径，电击可分为低压触电和高压触电。其中低压触电可分为单线触电和双线触电，高压触电可分为高压电弧触电和跨步电压触电。

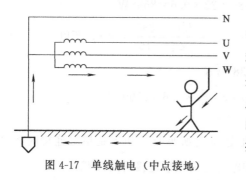

图4-17　单线触电（中点接地）

（1）单线触电　当人体直接碰触带电设备中的一条导线时，电流通过人体流入大地，这种触电现象称为单线触电。低压电网通常采用变压器低压侧中性点直接接地如图4-17和中性点不直接接地（通过保护间隙接地，如图4-18）的接线方式。一般来说，中性点直接接地比不接地更危险。

（2）双线触电　人体同时接触带电设备或

线路中的两相导体，或在高压系统中人体同时接近不同相的两相带电导体，从而发生电弧放电。电流从一相导体通过人体流入另一相导体，构成一个闭合电路，这种触电方式称为双线触电，如图 4-19 所示。发生双线触电时，作用于人体的电压等于线电压，这种触电是最危险的。

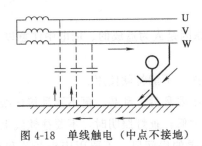

图 4-18　单线触电（中点不接地）　　　　图 4-19　双线触电

（3）高压电弧触电　高压电弧触电是指人体靠近高压线（高压带电体），造成弧光放电而触电，如图 4-20 所示。电压越高，危险性越大。干电池的电压只有 1.5V，对人体不会造成伤害；家庭照明电路的电压是 220V，就已经很危险了；高压输电线路的电压高达几万伏甚至几十万伏，即使不直接接触，也能使人致命。弧光放电，由于电压过高即使不接触高压输电线路，在接近过程中人会看到一瞬间的闪光（就是弧光），并被高压击倒，触电受伤或死亡。

（4）跨步电压触电　当电气设备发生接地故障，接地电流通过接地体向大地流散，在地面上形成电位分布时，若人在接地短路点周围行走，其两脚之间的电位差，就是跨步电压。由跨步电压引起的人体触电，称为跨步电压触电，见图 4-21。跨步电压的大小受接地电流大小、鞋和地面特征、两脚之间的跨距、两脚的方位以及离接地点的远近等很多因素的影响。人的跨距一般按 0.8m 考虑。由于跨步电压受很多因素的影响以及由于地面电位分布的复杂性，几个人在同一地带（如同一棵大树下或同一故障接地点附近）遭到跨步电压电击时，完全可能出现截然不同的后果。

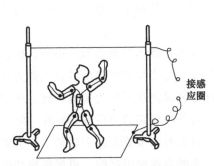

图 4-20　高压电弧触电原理演示图

图 4-21　跨步电压触电

下列情况和部位可能发生跨步电压电击。

带电导体，特别是高压导体故障接地处，流散电流在地面各点产生的电位差造成跨步电压电击。接地装置流过故障电流时，流散电流在附近地面各点产生的电位差造成跨步电压电击。正常时有较大工作电流流过的接地装置附近，流散电流在地面各点产生的电位差造成跨步电压电击。防雷装置受到雷击时，极大的流散电流在其接地装置附近地面各点产生的电位差造成跨步电压电击。高大设施或高大树木遭受雷击时，极大的流散电流在附近地面各点产生的电位差造成跨步电压电击。

4.4.3　触电的预防

触电能造成人体烧伤或死亡，但是事故的多数原因是人为造成的。用电中注意以下问题，可以预防触电事故。

① 损坏的开关、插销、电线等应及时修理或更换，不能将就使用。

② 不懂电气技术和一知半解的人，对电气设备不要乱拆、乱装，更不要乱接电线。

③ 灯头用的软线不要东拉西扯，灯头距地不要太低，扯灯照明时，不要往铁线上搭。

④ 电灯开关最好用拉线开关，尤其是在土地潮湿的房间里，不要用床头开关和灯头开关。

⑤ 屋内电线太乱或发生问题时，不能私自处理，一定要找电气承装部门或电工来改修。

⑥ 拉铁丝搭东西时，千万不要碰附近的电线。

⑦ 屋外电线和进户线要架设牢固，以免被风吹断，发生危险。

⑧ 外线折断时，不要靠近或用手去拿，应找人看守，及时通知电工修理。

⑨ 不要用湿手、湿脚触动电气设备，也不要碰开关插销，以免触电。

⑩ 大清扫时，不要用湿抹布擦电线、开关和插销，也不要用水冲洗电线及各种用电器具、电灯和收音机等。

⑪ 架设收音机、电视机和矿石收音机的天线，不要靠近电力线，以免天线被风吹断，掉在电力线上发生危险。

4.4.4　电气设备的保护接地和保护接零

随着农村生活水平的不断提高，特别乡镇企业、个体企业迅速发展，人们接触的电气设备日益增加，为此必须学习掌握一定的用电知识，以便正确使用电气设备，避免人身伤害和设备损坏事故的发生。

接地和接零都是为了防止人身触电事故和保证电器设备正常运行所采取的措施。所谓接地就是将电器设备的任何部分与大地作良好的电气接触。与土壤直接接触的金属称为接地体，接地体和电气设备的金属连线称为接地线，接地体和接地线通称为接地装置。所谓接零就是在中线接地的低压系统中，将电气设备的外壳与供电线路的中性线相连接。除了不遵守操作规程或粗心大意误触到裸露的带电设备外，许多触电事故是由于接触了因电器绝缘损坏等原因而使平时不该带电的金属外壳突然带了电的电器而引起的。根据接地和接零所起的作用不同，保护常有下列几种。

（1）电气设备的保护接地　保护接地就是把在正常情况下电器设备带电的金属外壳及与外壳相连的金属构架用接地装置与大地可靠地连接起来，保护接地一般用于中性点不接地的低压系统中。在图4-22（a）所示中性点不接地的系统中，当接在这个系统上的设备由于一相绝缘损坏而使外壳带电，而外壳又未接地时，若人体触及机壳，将由于线路与大

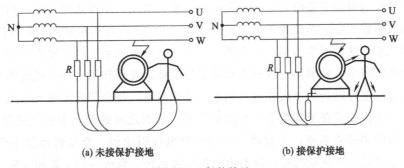

(a) 未接保护接地　　　　　　　　(b) 接保护接地

图 4-22　保护接地

地之间存在分布电容和绝缘电阻，而使电流通过人体，分布电容和绝缘电阻与另二相构成回路，在系统绝缘性能下降时，就有触电的危险。电气设备外壳采用保护接地后，如图 4-22 (b) 所示，在人体触及外壳时，由于人体电阻（一般 $>1000\Omega$）与接地电阻（一般 $\leqslant 4\Omega$）并联，通过人体的电流很小，不会有危险，从而避免了触电事故的发生。

（2）电气设备的保护接零　保护接零就是将电气设备的金属外壳接至零线（又称中性线）上，适用于中性点接地的三相四线制低压系统，如图 4-23 所示。

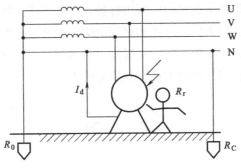

图 4-23　保护接零

采取保护接零措施后，当电气设备由于绝缘损坏而与外壳相接时，就形成了单相短路，将使短路保护装置迅速动作而切断电源，从而防止触电事故的发生。

农村用电一般采用低压三相四线制（如 380/220V）供电系统，在采用保护接地或保护接零时要注意以下几个问题。

① 对于中性点接地的三相四线制系统，只能采用保护接零，不能采用保护接地。

② 不允许在同一电流上将一部分用电设备接零，另一部分接地。

③ 采用保护接零时，接零的导线必须接牢固，以防脱线。在零线上不允许安装熔断器或开关，同时接零的导线阻抗不能太大。

④ 采用保护接零时，除系统的中点接地外，还必须在零线上一处或多处进行接地，即重复接地。

4.4.5　静电的危害和防护

当两个物体相互摩擦时，一个物体中的电子因受原子核的束缚较弱，转移到另一个物体上，使得到电子的物体由于其中的负电荷多于正电荷，因而显示带负电；失去电子的物体由于其中的正电荷多于负电荷，因而显示带正电，这就是摩擦起电现象。如玻璃棒与绸子摩擦，玻璃棒带正电。由此物体所带的电称为"静电"，当其积聚到一定程度时就会发生火花放电现象。这种现象与生产生活密切相关，往往会带来一些不便或危害。

静电的危害很多，它的第一种危害来源于带电体的互相作用。在飞机机体与空气、水气、灰尘等微粒摩擦时会使飞机带电，如果不采取措施，将会严重干扰飞机无线电设备的正常工作，使飞机变成聋子和瞎子；在印刷厂里，纸页之间的静电会使纸页黏合在一起，难以分开，给印刷带来不便；在制药厂，由于静电吸引尘埃，会使药品达不到标准的纯度；在打开电视时荧屏表面的静电容易吸附灰尘和油污，形成一层尘埃的薄膜，使图像的清晰度和亮度降低；在混纺衣服上吸附品不易拍掉的灰尘，也是由于产生了静电。静电的第二大危害，是有可能因静电火花点燃某些易燃物体而发生爆炸。漆黑的夜晚，人们脱尼龙、毛料衣服时，会发出火花和"叭叭"的响声，这对人体基本无害。但在手术台上，电火花会引起麻醉剂的爆炸，伤害医生和病人；在煤矿，则会引起瓦斯爆炸，会导致工人死伤，矿井报废。总之，静电危害起因于静电火花，静电危害中最严重的静电放电会引起可燃物的起火和爆炸。

下面介绍一些静电的防护措施。

① 利用控制工艺过程和工艺过程中所用材料，使之不产生静电或少产生静电。

② 采取接地、增湿、加入抗静电添加剂等措施，加速静电的泄漏。

③ 利用感应中和器、高压中和器、放射线中和器等装置，加速静电的中和。

④ 改善生产环境，利用封闭的方法限制静电危害产生，减小易燃易爆物散发的浓度。

习 题

4-1　已知对称三相电源，其中 U、V 间的电压表达式为 $u_{UV} = 380\sqrt{2}\sin(314t + 30°)$ V，试写出其余各线电压和相电压的表达式。

4-2　某三相交流发电机，频率为 50Hz，相电压的有效值 220V，试写出三相相电压的瞬时值及相量表达式。

4-3　在三相四线制供电线路中测得电压为 220V，试求相电压的最大值 U_{pm}、线电压 U_l 及最大值 U_{lm} 各为多少？

4-4　三相对称负载采用星形连接的三相三线制电路，线电压为 380V，每相负载均为 $Z = 20 + j15\Omega$，试求各相电压、相电流和线电流的有效值，并画出相量图。

4-5　已知对称三相负载各相复阻抗均为 $8 + j6\Omega$，Y 连接于工频 380V 的三相电源上，若 U_{UV} 的初相为 60°，求各相电流。

4-6　题 4-6 图所示为三相四线制电路，三个负载连接成星形。已知电源的线电压 $U_L = 380V$，负载电阻 $R_U = 11\Omega$，$R_V = R_W = 22\Omega$。试求：

(1) 负载的各相电压、相电流、线电流及三相总功率 P；

(2) 中线断开、U 相又短路时的各相电流、线电流；

(3) 中线断开、U 相也断开时的各相电流、线电流。

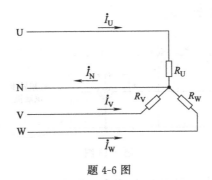

题 4-6 图

4-7　不对称三相四线制电路中的端线阻抗为零，对称三相电流的线电压为 380V，不对称的星形连接负载分别为 $Z_U=6+j8\Omega$，$Z_V=-j8\Omega$，$Z_W=j10\Omega$，试求各相电流、线电流及中线电流，并画出相量图。

4-8　在题 4-8 图所示电路中，已知电源电压 $u_{UV}=380\sqrt{2}\sin\omega t\,V$。

（1）如果每相阻抗均为 20Ω，即 $R=X_L=X_C=20\Omega$，是否可以说负载是对称的。

（2）试用相量图求电流的瞬时值表达式。

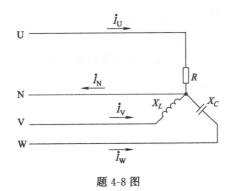

题 4-8 图

4-9　在题 4-6 图所示电路中，三相对称电源的线电压为 380V，每相负载的电阻值分别为 $R_U=10\Omega$，$R_V=20\Omega$，$R_W=40\Omega$。试求：

（1）各相电流及中线电流；

（2）W 相开路时，各相负载的电压和电流；

（3）W 相和中线均断开时，各相负载的电压和电流；

（4）W 相短路，且中线断开时，各相负载的电压和电流。

4-10　题 4-4 中，若三相电源和负载均不变，只是将负载的连接方式改为三角形连接。试求各相电压、相电流和线电流的有效值，并将结论与第 4-4 题进行比较。

4-11　有一台三相发电机，其绕组连接成星形，每相额定电压为 220V。在一次试验时，用电压表测得相电压为 $U_U=U_V=U_W=220V$，而线电压为 $U_{UV}=U_{WU}=220V$，$U_{VW}=380V$，试问这种现象是如何造成的。

4-12　三相对称负载采用三角形连接，电源的线电压为 380V，线电流为 20A，三相总功率为 5kW。求每相负载的电阻和感抗。

4-13　三相异步电动机的额定参数如下 $P=7.5kW$，$\cos\varphi=0.88$，线电压为 380V，

试求题 4-13 图中两个功率表的读数。

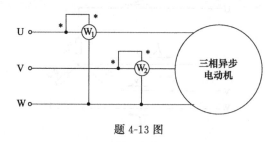

题 4-13 图

4-14　三相对称负载，每相阻抗为 $6+j8\Omega$，接于线电压为 380V 的三相电源上，试分别计算出三相负载 Y 接和△接时电路的总功率各为多少瓦。

4-15　现有一台三相电炉（对称负载），每相负载的电阻 $R=10\Omega$，试求：

(1) 在 380V 线电压的作用下，电炉分别接成三角形和星形时，各从电网取用多少功率。

(2) 在 220V 线电压的作用下，若采用三角形连接取用的功率又是多少。

4-16　什么是双线触电？

4-17　什么是高压电弧触电？

4-18　试叙述如何预防触电。

4-19　什么是电气设备的保护接零？采用保护接零时需要注意哪些问题？

参 考 文 献

[1] 邱关源. 电路. 北京：高等教育出版社，2006.

[2] 李燕民. 电路和电子技术（上）. 第 2 版. 北京：北京理工大学出版社，2010.

[3] 王慧玲. 电路基础. 北京：高等教育出版社，2004.

[4] 张秀然. 电路分析基础. 北京：中国水利水电出版社，2005.

[5] 黄锦安. 电路. 第 2 版. 北京：机械工业出版社，2007.

[6] 任尚清. 电路分析. 北京：化学工业出版社，2002.

[7] 周守昌. 电路原理. 第 2 版. 北京：高等教育出版社，2009.